建筑废弃物
再生利用技术与岩土工程应用

宁培淋　张建同　杨　锐　著

图书在版编目（CIP）数据

建筑废弃物再生利用技术与岩土工程应用／宁培淋，张建同，杨锐著．—武汉：武汉大学出版社，2020.8（2023.8重印）

ISBN 978－7－307－21723－2

Ⅰ．建…　Ⅱ．①宁…　②张…　③杨…　Ⅲ．①建筑工业—废物综合利用②岩土工程　Ⅳ．①X799.1　②TU4

中国版本图书馆 CIP 数据核字（2020）第 152621 号

责任编辑：黄朝昉　　　责任校对：牟　丹　　　版式设计：天　韵

出版发行：**武汉大学出版社**（430072　武昌　珞珈山）
（电子邮箱：cbs22@whu.edu.cn　网址：www.wdp.com.cn）
印　刷：廊坊市海涛印刷有限公司
开　本：710×1000　1/16　　印　张：11.5　　字　数：210 千字
版　次：2020 年 8 月第 1 版　　2023 年 8 月第 2 次印刷
ISBN 978－7－307－21723－2　　定　价：58.00 元

前　言

建筑废弃物是指在新建、改建、扩建和拆除各类建（构）筑物、市政管线及综合管廊、道路桥梁及轨道交通、水利设施以及装修房屋等工程施工活动中产生的各类废弃物，主要包括工程渣土、拆除废弃物、施工废弃物、工程泥浆、装修废弃物等五大类。

我国建筑废弃物再生利用产业在近十年取得长足发展，特别是在全国35个建筑废弃物治理试点城市已初步形成产业链，但建筑废弃物问题仍然严重制约大中型城市的可持续发展，填埋、回填和堆放是垃圾（40%为建筑废弃物）常见的处置方式，导致全国约200座城市长期处于垃圾围城状态。同时，存在社会各界对建筑废弃物资源化的认识程度还不够、源头减排缺乏约束机制、建筑废弃物缺乏分类导致再生利用成本高、再生技术和产品单一及再生产品推广机制缺少等问题。以建筑废弃物排放源头减量化、运输规范化、处置资源化、利用规模化和排放无害化为主线，系统全面构建建筑废弃物处理链已成为行业共识。目前国内外关于建筑废弃物再生利用的研究主要集中在再生骨料研究，以及再生混凝土、再生砌块和再生砂浆等再生建材推广使用方面的研究，拓展建筑废弃物再生利用范围是深入开展建筑废弃物资源化利用的紧迫问题。

作者及所属团队地处粤港澳大湾区中心城市广州和深圳等地，紧密围绕着城市可持续发展需要，以及绿色建筑产业转型升级的趋势，近十余年来以住建部科技计划项目、广东省重大科技项目，广东省教育厅自然科学基金等项目为支撑，依托广东冠南环境工程科技有限公司、广东省基础工程公司和深圳绿发鹏程环保科技有限公司等建筑废弃物特许经营企业，将建筑废弃物再生利用从堆山造景、路基混合料逐步拓展到CFG桩、渣土桩、扩底桩、碎石桩和柱锤冲扩桩等岩土工程，通过不断试验分析、数值分析、机理分析和工程实践，丰富了建筑废弃物在岩土工程这一新领域的研究深度和广度，取得了较好的经济效益和社会效益，其相关研究成果荣获得广东省科技进步奖、广州市科学技术奖等，并有多项专利获得授权。

本书集中了研究团队成员长达十余年的各类各级课题研究成果的精华部

分，其中杨锐（广州理工学院）、宁培淋（广东交通职业技术学院）负责第一章，张建同（深圳市市政工程总公司）、龚颖（深圳市市政工程总公司）负责第二章，宁培淋、杨锐负责第三章，刘浩（深圳市勘察研究院有限公司）、杨锐负责第四章，张建同、刘铁军（深圳市市政工程总公司）负责第五章，阮广雄（广东寰球广业工程有限公司）、杨锐负责第六章，宁培淋、彭海铭（广东�城置业有限公司）负责第七章，宁培淋负责第八章，全书由宁培淋、张建同和杨锐统稿。希望本书成果能为相关科研人员、工程技术人员及相关决策机构提供技术参考，同时可作为高等院校土木工程、材料工程、环境工程等专业的指导书。由于水平有限，错误难免，欢迎指正。

2020 年 1 月 10 日

作者简介：

宁培淋　广东交通职业技术学院副教授，副处长，主要从事环境岩土工程和职业教育课程研究，主持省部级项目8项，发表论文23篇（SCI、EI和中文核心7篇），获专利及软著9项，出版专著和教材4部，作为主要成员获2018年国家教学成果奖二等奖，主持成果入选2019年交通运输部重大科技创新成果库。

张建同　博士（博士后），高级工程师，硕士生导师，深圳市市政工程总公司副总工程师，深圳市建筑废弃物资源化协会秘书长。从事市政公用工程、建筑废弃物资源化、沥青路面新型结构及节能减排等科研与工程应用。

杨锐　广州理工学院教授，高级工程师，理学博士，硕士生导师，建筑工程学院副院长。长期从事岩土工程、建筑废弃物资源化利用研究。曾获广东省科技进步二等奖。现主持广东省特色专业土木工程专业建设项目，现任广东省特色重点学科建筑节能方向带头人。

项 目 剪 影

深圳市绿发鹏程环保科技有限公司再生骨料产品

再生透水混凝土创意组合户外座椅（指导学生作品）

广州市广钢新城建筑废弃物破碎机

广州市广钢新城拆迁建筑废弃物

广州市城乡建设委员会调研

广州市地铁十四号线道路维修改造产地建筑废弃物

广州市地铁十四号线水泥路面就地破碎（采用德国 Kleemann MR110Z EVO2）

目　　录

第1章　概　　述

1.1　国内外研究现状

1.1.1　国外研究现状

发达国家开始探索将垃圾变为资源的途径和技术的时间比较早，建筑废弃物资源化早已成为发达国家的共同研究课题，建筑废弃物的资源化也逐步成为具有广阔前景的新兴产业。发达国家对建筑废弃物处理总体上实行源头管理，在建筑废弃物形成之前，采用科学手段使建筑废弃物尽可能减量化。对于已经产生的建筑废弃物进行分选归类，运用技术手段分类处理，得到可利用的再生资源，再应用到各类适宜的工程中，实现建筑废弃物的资源化。

目前，德国、日本、美国等发达国家对建筑废弃物资源化的程度已相当高了，基本实现了建筑废弃物的资源化。国外发达国家通常以再生骨料的形式对建筑废弃物进行循环利用，美国 Amnon Katz 和 C. Llatas 的研究表明，68%的再生骨料用于道路工程和建筑物基础，6%作为拌制新混凝土的原材料，9%作为拌制沥青混凝土的原材料，3%用于边坡的防护加固，7%作为回填材料，7%用于其他用途。

欧洲很早就对建筑废弃物进行了研究。德国是世界上首个大规模利用建筑废弃物的国家，也是世界上最早开展循环经济立法的国家，在1978年推出"蓝色天使"计划之后，德国陆续制定了《废物处理法》等一系列有关建筑废弃物循环利用的指令，并且在1978年制定了环境标志，成为世界上首个推行环境标志的国家。环境标志以其无形的影响力，调动公众参与环境保护的积极性，督促企业从生产的各个阶段加强环境保护的力度，实现绿色生产线，生产出绿色产品，形成了良性循环的经济体系。德国在2019年有200余家企业在从事建筑废弃物再生利用的工作，年度总产值达10亿欧元以上。西门子公司采用干馏燃烧垃圾的方法，可以把建筑废弃物中的再生材料分门别类地分离出来。德国已经将再生的建筑材料用作道路路基、人造风景和种植等，据环保部数据显示，德国建筑废弃物的再生利用率已达到70%，回收利用率达到95%。此外，德国政府还立法规定了各类工程对建筑废弃物的利用率，对未做处理的建筑废弃物征收处理费用。

日本资源相对匮乏，因此十分重视建筑废弃物的再生利用，将建筑废弃物视为“建设副产品”。日本是建筑废弃物资源化立法最为完备的国家，先后制定了《建设再循环法》《建设副产物妥善处理推进纲要》等相关法令，法令条文明确规定了一般企业、政府、资源再利用企业各方的责任，保证了建筑废弃物再生利用的有序进行。据统计，日本97%以上的建筑废弃物得到了再生利用，大部分是作为碎石被循环利用，或者用作路基材料。现如今，日本各大研究所正在研究由混凝土废弃物生产出的再生骨料，重新用作混凝土骨料的再资源化方法。H. Kawano对建筑废弃物中的再生材料进行分离处理，作为建材的原材料。牟桂芝和大野木升司对日本的建筑废弃物处理企业进行了介绍，其中大荣环境集团是日本规模较大的废弃物处理企业，集团共有13家子公司以及6家合作公司，该集团处理建筑废弃物的种类涵盖了木屑、废石膏板、混凝土块、废石棉、废塑料、建筑污泥等。由于建筑废弃物的成分有所差异，所以得到的再生骨料的质量也会有所不同。日本的再生骨料主要分为三个等级（H级、M级、L级），其中H级骨料是由加热碾磨法制成，是完全除去了砂浆等杂质的优质骨料，可以作为天然骨料使用；M级骨料是由破碎方法制成，其再生材料中含有废弃砂浆等杂质，可以应用于基础垫层、道路基层等次要部位；L级骨料含有的杂质成分多，可以应用于标高回填等。

美国将建筑废弃物经过分拣、加工，得到再生骨料，其利用率为70%，剩余的30%的建筑废弃物通过填埋处理。美国对建筑废弃物的再生利用主要有3个级别：“低级利用”，一般应用于回填，占总量的50%～60%；“中级利用”，应用于建筑物基础或道路基层，占总量的40%；“高级利用”，将建筑废弃物还原成水泥、沥青等。美国对建筑废弃物的处理基本已实现减量化、资源化、无害化和产业化，形成了完整、全面、有效的法规、政策和管理体制。美国特别重视减量化，鼓励企业实现建筑废弃物“零排放”，还把建筑废弃物资源化作为一个新兴产业扶持，探索怎样使建筑废弃物资源化形成一个新的产业。美国住宅营造商协会在全国范围内大力推广一种“资源保护屋”，缓解住房紧张和环境保护两者间的矛盾。美国RCP公司有6个石料场地，拥有完善的生产加工线，每天生产出十万多块砌块砖，已经成为世界上最大的砖砌块制造商之一。除了生产砌块砖以外，RCP公司还生产不同外形、不同尺寸、不同构造和不同颜色的铺路材料，成为创新产品和制造方法的发展上的先驱者。美国还将计算机技术运用到建筑废弃物的资源化中，建立各类再生产品的质量、数量等相关的数据库，对建筑废弃物从源头到应用全过程进行分析控制，协助工程项目对再生产品种类和数量的需求，以及运输方案作出准确的决策，同时对再生材料的新工艺、新技术，在经济和环境上产生的效益作出评定。

1.1.2　国内研究现状

我国在建筑废弃物资源化领域的研究上起步较晚，目前大部分城市还处于先污染后治理的状态，虽然通过相关政策与科研工作在建筑废弃物资源化上获得了一定的成果，但是尚未形成完整的体系，缺乏系统的政策、规范以及建筑废弃物资源化利用的技术。国内有关建筑废弃物资源化的利用大多数是围绕再生混凝土的研究，近年来，由于道路工程的大规模建设，以及道路材料的短缺，学者、专家才开始研究建筑废弃物在道路工程中的应用。

北京、上海、广州、深圳几个一线城市经济发展迅速，工程建设增长较快，由此产生的建筑废弃物量也尤为巨大，但是这些城市对于建筑废弃物资源化利用的程度大部分不高。其中，深圳在建筑废弃物资源化上利用较好，也为深圳创下了“文明城市”“绿色城市”的称号；广州在近几年才关注建筑废弃物资源化的利用，以前大多采取填埋的方式进行处理，因此急需加强广州市建筑废弃物资源化的研究，尤其是像道路工程这类建筑资源消耗量大的领域。

北京作为首都，大规模的城市建设促进了经济快速的增长，也带来了建筑废弃物的迅速增长。自 2000 年伴随申奥成功以来，大量奥运工程的陆续建设，北京市住建委数据显示 2001 年成为北京市建筑废弃物排放的新高峰期，年总排放量达 3300 万吨。此后，建筑废弃物的排放量逐年增加，近年来一直是全国建筑废弃物排放量最大的城市。北京市“十二五”期间对于建筑废弃物的回收率还不到 30%，一般采用填埋或露天堆置的处置方式，现在北京也正在大力发展建筑废弃物的资源化利用，寻找循环发展的途径。2013 年北京金信浩诚新型环保建筑材料有限责任公司与北京工业大学采取校企合作模式，研发以建筑废弃物为主要原料的环保型砌块，每天可处理建筑废弃物 750 吨。

上海市城市建设居高不下的态势，以及市民对加强建筑废弃物资源化利用的呼吁，需要我们探索出一条能够普遍推广、适合自身特点的建筑废弃物资源化的新道路。上海市在建筑废弃物资源化方向设立了几十项科研课题，取得了大量的技术成果和多项技术专利，为建筑废弃物实现资源化利用提供了技术支持。上海嘉博水泥制品有限公司建立了一条年加工废弃混凝土达30万吨左右的大型破碎设备生产线。上海德滨公司解决了大型化、环保化、纯净化三大技术难题，成功开发了封闭模块组合式再生骨料回收系统，建筑废弃物年处理量达100万吨。

上海世博会园区工程中将因拆迁产生的大量建筑渣土，首先通过科学手段在源头实现减量化，同时将建筑渣土进行循环利用，作为园区道路的基层、垫层与土基，实现建筑渣土的再生利用。建筑渣土得到再生利用，不仅节约了资源，而且保护了环境。

深圳市作为海滨城市，可利用的土地极度有限，逐年增加的建筑废弃物排放已成为城市发展的重大问题。深圳市固体废物污染环境防治信息公告显示，2018年深圳市产生了10157万立方米的建筑废弃物，其中，在市区填埋处置约1381万立方米，综合利用约707万立方米（约1060万吨），其他主要运往周边城市供填海、土地整理、生态修复等工程利用。以前，深圳市将建筑渣土主要应用于工程填埋和填海造地，剩下部分进行填埋处理。“十三五”期间，深圳市在建筑废弃物管理方面已然走在了全国的前列。深圳市于2009年颁布了《深圳市建筑废弃物减排与利用条例》，大力推动了建筑废弃物源头减量化和资源化的利用。深圳市还建立了余土信息调剂平台，形成了有效的余泥渣土管理网络。深圳市已建立了绿发鹏程、中信华威和永安科技三家建筑废弃物大型处理基地，每个基地年处理量达100万吨以上。深圳市还出台了一系列促进建筑废弃物减排和再利用的法令和政策。

深圳市绿发鹏程环保科技有限公司以吸水率低、强度高的黏土砖再生骨料为原料，经螺旋挤压成型研发出环保型轻骨料建筑隔墙条板，克服了建筑条板过轻而隔声性能差、收缩值高等缺陷。由于建筑条板墙面无需水泥砂浆粉刷，施工具有省工、省料、省时等特点，而被广泛应用到建筑内外墙，是墙体材料中高端、高附加值、高效节能的产品。

广州市在实现建筑废弃物资源化的道路上逐步形成产业链。2013年，广州市政府颁布了《广州市建筑废弃物循环利用工作方案》和《广州市建筑废弃物循环利用的主要技术路径》；2014年，广州市政府颁布了《广州市建筑废弃物再生建材产品推广使用办法》。广州市对建筑废弃物处理还实行特许经营制度，2014年分区招标了四家特许经营企业，分别为广东冠南环境工程科技有限公司（黄埔区）、许昌金科建筑清运有限公司（白云区）、广东省基础工程公司（番禺区）和广州市市政集团有限公司（天河区）。许昌金科建筑清运有限公司实现了从建筑废弃物清运再破碎生产再生骨料到建材产品生产和销售的资源化利用的全产业链经营，走出了一条“政府投资少、企业有效益、垃圾得利用、环境大改善”的新路子，确立了政府主导的特许经营模式，从根本上解决了建筑废弃物私拉乱运、围城堆放、破坏环境等难题。

建筑废弃物再生循环利用方面，国内外主要是将建筑废弃物中的废混凝土块、废砖石和砂浆经破碎筛分和粉磨等工序制作成再生骨料，然后制备成再生混凝土、再生砌块和再生砂浆等再生建材。但我国对建筑废弃物综合利用率不到 10%，国外建筑废弃物综合利用率可达 95% 以上，利用率的提高需拓展建筑废弃物工程的应用范围。

1.2　建筑废弃物的定义、来源、分类和组成

1.2.1　建筑废弃物的定义

建筑废弃物是“在生产建设中产生的固态、半固态废弃物质”，1996 年 2 月，建设部发布的《城市建筑垃圾管理规定》具体表述为“在建筑装修场所产生的城市垃圾”。2019 年 3 月发布的《建筑垃圾处理技术标准》又明确指出，建筑废弃物（建筑垃圾）是工程渣土、工程泥浆、工程垃圾、拆除垃圾和装修垃圾等的总称，包括新建、扩建、改建和拆除各类建筑物、构筑物、管网等以及居民装饰装修房屋过程中所产生的弃土、弃料及其他废弃物，不包括经检验、鉴定为危险废物的建筑垃圾。

建筑废弃物具有相对性。时间上，它只是相对于目前的科技水平和经济条件而言为废弃物，随着时间的推移，昨天的垃圾可能转化为明天的资源。空间上，它可以在不同国家、地方、生产过程或使用方面发挥其价值，而非绝对没有用处，如废弃混凝土用作再生骨料、沥青屋面废料可作为热拌沥青路面材料。多年前法国学者傅立叶称垃圾为“摆错位置的原料”，就是指垃圾的时空相对特性。从这个角度看，把建筑废弃物改作建筑废料可能更为合适，即暂时被废弃的物料。因为“建筑废弃物”这个名称使用时间久，人们已接受该名词，所以下文均用“建筑废弃物”而没有使用“建筑废料”这个称谓。

1.2.2　建筑废弃物的来源、分类和组成

根据《城市建筑废弃物和工程渣土管理规定（修订稿）》，建筑废弃物是指建设、施工单位或个人对各类建筑物、构筑物等进行建设、拆迁、修缮及

居民装饰房屋过程中所产生的余泥、余渣、泥浆及其他废弃物。

建筑废弃物可在土地开挖、道路开挖、旧建筑物拆除、建筑施工和建材生产中产生，主要由渣土、碎石块、废砂浆、砖瓦碎块、混凝土块、沥青块、废塑料、废金属料、废竹木等组成。

(1) 土地开挖废弃物：分为表层土和深层土。前者可用于种植，后者主要用于回填、造景等。

(2) 道路开挖废弃物：分为混凝土道路开挖和沥青道路开挖。包括废混凝土块、沥青混凝土块。

(3) 旧建筑物拆除废弃物：主要分为砖和石头、混凝土、木材、塑料、石膏和灰浆、屋面废料、钢铁和非铁金属等几类，数量巨大。

(4) 建材生产废弃物：主要是指为生产各种建筑材料所产生的废料、废渣，也包括建材成品在加工和搬运过程中所产生的碎块、碎片等。

(5) 建筑施工废弃物：按施工过程主要有新建建筑物在施工过程中产生的固体垃圾和旧城改造过程中拆除旧建筑产生的建筑废弃物，表1－1列出了不同结构形式的建筑工地在施工过程产生垃圾的组成比例和单位建筑面积产生的垃圾量。具体分为剩余混凝土、建筑碎料以及房屋装饰装修产生的废料。剩余混凝土是指工程中没有使用而多余出来的混凝土，也包括由于某种原因（如天气变化）暂停施工而未及时使用的混凝土。建筑碎料包括凿除、抹灰等产生的旧混凝土、砂浆等矿物材料，以及木材、纸、金属和其他废料等类型。房屋装饰装修产生的废料主要有：废钢筋、废铁丝和各种非钢配件、金属管线废料，废竹木、木屑、刨花、各种装饰材料的包装箱、包装袋，散落的砂浆和混凝土、碎砖和碎混凝土块，搬运过程中散落的黄砂、石子和块石等，其中，主要成分为碎砖、混凝土、砂浆、桩头、包装材料等，约占建筑施工废弃物总量的80%。

根据建筑废弃物的主要材料类型或成分对其进行分类，据此可将每一种来源的建筑废弃物分成三类：可直接利用的材料，可作为再生材料或可以用于回收的材料以及没有利用价值的废料。例如在旧建筑材料中，可直接利用的材料有窗、梁、尺寸较大的木料等，可作为再生材料的主要是矿物材料、未处理过的木材和金属，经过再生后其形态和功能都和原先有所不同。

表 1－1　建筑施工废弃物的数量和组成

废弃物组成	施工废弃物组成比例（%）			施工废弃物主要组成部分占其材料购买量的比例（%）
	砖混结构	框架结构	框架—剪力墙结构	
碎砖（碎砌砖）	30～50	15～30	10～20	3～12
砂浆	8～15	10～20	10～20	5～10
混凝土	8～15	15～30	15～35	1～4
桩头	/	8～15	8～20	5～15
包装材料	5～15	5～20	10～20	/
屋面材料	2～5	2～5	2～5	3～8
钢材	1～5	2～8	2～8	2～8
木材	1～5	1～5	1～5	5～10
其他	10～20	10～20	10～20	/
合计	100	100	100	/
废弃物产生量（kg/m^2）	50～200	45～150	40～150	/

1.3　建筑废弃物再生利用技术现状

1.3.1　建筑废弃物再生利用的途径

建筑废弃物的循环再生是一个复杂的系统工程，涉及建筑物的拆除、分类回收与加工以及再生骨料的强化、再生产品的存放等。

建筑物的拆除：根据建筑物类型、拆除要求、现场环境等选择拆除方案。常用的拆除方法有整体爆破、无声破碎、局部部分爆破和机械拆除等。建筑废弃物再生率取决于其杂质含量和再生产品应用要求，前者尤为关键。拆除建筑物时可能混杂有黏土或其他废料，也可能被其他杂质污染。因此，拆除期间采取适宜的防护措施，可以增加拆除建筑废弃物再生的可能性，提高再生价值。

建筑废弃物的分选：针对建筑废弃物不同的类别，选择适宜的分选设备和合理的工艺流程对建筑废弃物进行分选及预均化是保证建筑废弃物高效利用的不可或缺的重要环节。

建筑废弃物的加工可在固定的再生工厂内实施，也可以采用移动式建筑废弃物再生生产线在施工现场进行。再生工厂通过成套生产线将建筑废弃物加工成给定颗粒尺寸的骨料，这与使用天然原料生产骨料的采石场基本相同，此外还有去除杂质的装置。

再生混凝土骨料颗粒棱角多，表面粗糙，表面含有硬化水泥砂浆，破碎过程中因损伤累积在内部造成大量微裂纹，导致再生骨料存在孔隙率大、吸水率大、堆积密度小、压碎指标值高等不足。与普通骨料相比，利用再生骨料制备新混凝土的用水量偏高、硬化后的强度和弹性模量低、收缩率较大。因此建筑废弃物再生骨料的强化工序，目的在于改善骨料粒形态、除去再生骨料表面所附着的硬化水泥石，提高普通再生骨料的品质。目前常用的再生骨料强化技术为机械强化。

因此，建筑废弃物再生利用的途径主要有如下几个方面：建筑废弃物可通过分离、破碎、冲洗，转化为供建筑用的再生材料；旧建筑拆除过程中产生的废弃混凝土，可通过分选、破碎、冲洗等工序，重新转化为再生的砂石料或干混砂浆；旧建筑拆除过程中产生的废弃砖瓦，以及其他环节产生的建筑废弃物，可以通过破碎、分选、磨细后，重新制造成墙体材料或其他种类的混凝土制品；建筑废弃物中的开槽、地基土，可直接用于绿化，或者置换造田。建筑废弃物中的油漆、涂料等有机有害物，则可在粉碎过程中通过化学溶液冲洗实现无害化处理。

1.3.2 建筑废弃物再生利用的意义

随着工业化城市化进程的加速，建筑业也在快速发展，相伴而产生的建筑废弃物日益增多，浪费了大量的资源，已经严重影响生态环境的质量，威胁着城市居民的身体健康。我国旧建筑物拆除垃圾占城市垃圾的10% ~ 20%，每年的产生量达2×10^7t，绝大部分未经任何处理而直接运往郊外堆放或简易填埋，既需一定的清运费，又要占用大量的土地。若通过综合利用建筑废弃物的成套技术，可使按一定程序和质量收集、分类的建筑废弃物再生利用率达到100%，这样不仅能消除建筑废弃物对城市生态环境的破坏作用，而且还会带来较好的经济效应。

例如，河北某科技服务总公司成功开发了一种“用建筑废弃物夯扩超短异型桩施工技术”，该项技术是采用旧房改造、拆迁过程中产生的碎砖瓦、废钢渣、碎石等建筑废弃物为填料，经重锤夯扩形成扩大头的钢筋混凝土短桩，并配备了相应的减隔震技术，具有扩大桩端面积和挤密地基的作用。经测算，该项技术比其他常用技术节约基础投资 20% 左右。再如再生骨料，在经济上也具有良好的市场推广前景。

综上所述，建筑废弃物中绝大多数组分具有回收和再生利用价值，从发展循环经济和可持续发展的角度来看是很有必要的。但是，建筑废弃物循环再生是一个复杂的系统工程，而且回收的再生产品与原生产品相比较，在性能和均匀性等方面存在很大差异，必须充分考虑其适用性。因此建筑废弃物循环再生必须综合考虑政策、经济、技术和可持续发展等诸因素。

第2章　建筑废弃物的构成及基本性能

建筑废弃物（construction & demolition waste）是指在新建、改建、扩建和拆除各类建（构）筑物、市政管线及综合管廊、道路桥梁及轨道交通、水利设施以及装修房屋等工程施工活动中产生的各类废弃物，主要包括工程渣土、拆除废弃物、施工废弃物、工程泥浆、装修废弃物等五大类。从宏观上看建筑废弃物具备以下三大特性：

（1）时间性

任何建筑物都有一定的使用年限，随着时间的推移，所有建筑物最终都会变成建筑废弃物。另一方面，所谓“垃圾”仅仅相对于当时的科技水平和经济条件而言，随着时间的推移和科学技术的进步，除少量有毒有害成分外，所有的建筑废弃物都可能转化为有用资源。

（2）空间性

从空间角度看，某一种建筑废弃物不能作为建筑材料直接利用，但可以作为生产其他建筑材料的原料而被利用。

（3）持久危害性

建筑废弃物主要为渣土、碎石块、废砂浆、砖瓦碎块、沥青块、废塑料、废金属料、废竹木等的混合物，如不做任何处理直接运往建筑废弃物堆场堆放，堆放场的建筑废弃物一般需要经过数十年才可趋于稳定，在此期间，挥发出的有机酸、重金属离子等，将会污染周边的地下水、地表水、土壤和空气，受污染的地域还可扩大至存放地之外的地方。而且，即使建筑废弃物已达到稳定化程度，堆放场不再释放有害气体，渗滤水不再污染环境，大量的无机物仍然会停留在堆放处，占用大量土地，并继续导致持久的环境影响。

2.1　建筑废弃物组成结构

2.1.1　建筑废弃物的主要来源

建筑废弃物主要来源于建设、施工单位或个人对各类建筑物、构筑物等进行建设、拆迁、修缮及居民装饰房屋过程中所产生的余泥、余渣、泥浆及其他废弃物。具备再生利用价值即用来生产再生骨料的废弃混凝土主要有以下来源：

（1）建筑物因达到使用年限或因老化被拆毁，产生废弃混凝土块，这是废弃混凝土块的主要来源；

（2）市政工程的动迁及重大基础设施的改造产生废弃混凝土块（随社会经济的发展，此项所占比例将越来越大）；

（3）商品混凝土工厂由于质量原因以及调度原因产生废弃混凝土为其年产量的1% ~3%，数量巨大；

（4）因意外原因，如地震、台风、洪水、战争等造成建筑物倒塌而产生的废弃混凝土块。例如，在汶川地震后预估灾区建筑废弃物量，根据经验数据，砖混结构和框架结构每平方米产生 1.0 ~1.5 吨建筑废弃物，木质结构和钢结构每平方米产生 0.5 ~1.0 吨建筑废弃物，由此估算汶川大地震产生约 3 亿吨建筑废弃物。

（5）试验室测试完毕的混凝土试块或者构件，这部分废弃混凝土数量相对较少。

2.1.2　建筑废弃物的组成分析

由于不同地区的人们生活习惯和所用建筑材料的不同，建筑废弃物的组成呈现一定的地域特点，并且组成比例（重量比）也不相同。美国、日本和我国香港地区对建筑废弃物组成比例的统计（该统计没有包含渣土，“其他”包括砂浆、玻璃、塑料等杂物）见图 2.1。由图看出，建筑废弃物中废弃混凝土块占较大的比例，经济越发达的地区，在建筑中所使用的木材和金属越多，砖块越少。这两点也可以从表 2.1 看出。图 2.2 是我国香港地区旧建筑物拆除垃圾和新建筑物施工垃圾的组成比较。

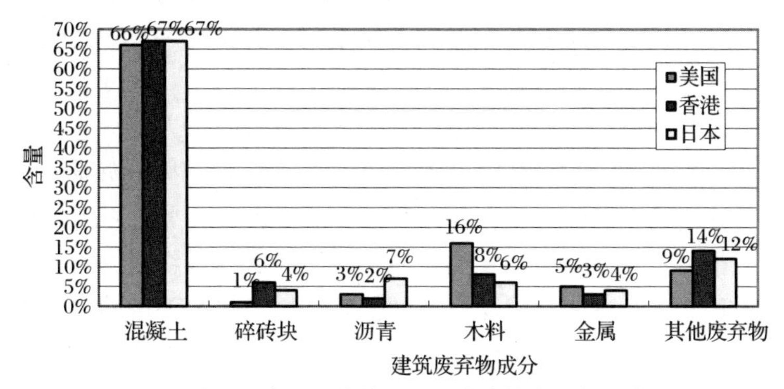

图 2.1　美国、我国香港地区和日本建筑废弃物组成比例

表 2.1　三个地区建筑废弃物的总体组成比例（%）

	混凝土	碎砖块	木材	金属	塑料	废纸	渣土	饰面类	其他废料
美国爱荷华州	31.6	7.4	24.9	11.9	—	1.5	3.0	19.7	—
中国香港	64.88	6.33	7.53	3.41	0.61	—	11.91	1.44	3.89
中国台湾	34.12	18.14	8.62	0.01	1.40	—	36.55	—	1.16

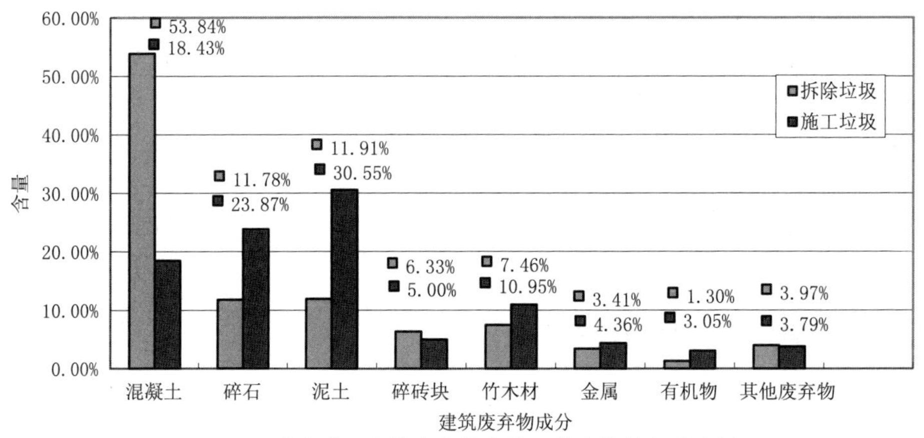

图 2.2　香港地区建筑废弃物和施工废弃物的组成比例

（注：其他废弃物包括沥青、玻璃、砂、塑料）

以上图表反映出，建筑废弃物大致上由渣土、废混凝土块、碎砖石、竹木材、金属、沥青、玻璃、废纸、塑料组成，其中前四类为主要组分，占建筑废弃物总量的85%以上。混凝土仍然是目前首选的建筑材料，不论在哪个地区、按何种分类的建筑废弃物中，混凝土始终占较大的百分含量。但是在美国等发达国家，混凝土在建筑中的使用量所占比例（不是“使用量”）呈减少趋势，代之的是木材和金属的大量使用。

拆除废弃物与施工废弃物均以混凝土、碎石和渣土为主，这三类组分所占比例之和分别为77.53%和72.85%，除施工中各种支撑、脚手架、模板的使用形成较多的竹木材垃圾外，其他组分含量不超过10%。一般来说，拆除废弃物中废混凝土块是最多的，但需视地区情况和建筑物结构形式而定，如莲花山原有民房均为平房和四层以下的低层房屋，多数采用砖混结构，少部分是框架结构，故拆除废弃物中碎砖（砌）块应比混凝土块多，碎砖占35%~40%，混凝土占12%~15%，前者为后者的2.5倍。

新建建筑物需要平整场地，开挖基坑，故渣土生成量较大，但渣土多用于回填，再生利用价值不大，国外在统计回收的建筑废弃物数量时一般不予考虑。这样，施工废弃物中就以散落和被丢弃的碎石为主，其次是混凝土块。

除含有少量有机物外，建筑废弃物基本上由无机物类构成。其化学成分是硅酸盐、氧化物、氢氧化物、碳酸盐、硫化物及硫酸盐等。具有相当好的强度、硬度、耐磨性、抗冻性、耐水性等，经过一定的处理后用来加固地基是完全可行的。

2.2　建筑废弃物产生量分析——以广州市为例

根据广州市广钢新城、金融城等旧城改造项目及新建项目的经验数据，对砖混结构、框架结构和框剪结构建筑物的建筑工地废弃物的统计，上述三种结构形式单位建筑面积废弃物产量分别为 50 ~ 200kg/m^2、45 ~ 150 kg/m^2 和 40 ~ 150 kg/m^2。取平均小值范围 50 ~ 60 kg/m^2 计算，则每 10000 平方米建筑施工过程中将产生 500 ~ 600 吨废弃物。

对于具体的工程项目，估算建筑废弃物的数量通常用施工材料购买量来计算。据测算，材料实际耗用量比计划用量多 2% ~ 5%，这表明建筑材料的有效利用率仅 95% ~ 98%，余下部分大多成为废料。笔者对广州市亚运村首期工程产生的建筑废弃物的估算见表 2.2。48.76 万吨的废弃物理论上是可以全部回收再生利用的，但实际上在施工过程中往往与渣土混合在一起被回填和平整场地，有效利用率不到 15%。

表 2.2　广州市亚运村首期工程主要材料和产生的建筑废弃物（万吨）

材料	建筑材料	道路材料	合计	平均损耗率	建筑废弃物量
混凝土	432.00	36.00	468.00	3%	14.04
水泥	31.00	10.00	41.00	5%	2.05
沥青混合料	—	50.00	50.00	3%	1.50
石屑	—	114.00	114.00	8%	9.12
钢筋	22.80	—	22.80	6%	1.37
砖块	71.80	—	71.80	10%	7.18
石料	15.40	—	15.40	6%	0.92
砂	157.25	—	157.25	8%	12.58
总计	730.25	210.00	940.25	—	48.76

2.2.1 建筑废弃物产生量指标体系

结合广州市建筑废弃物的分类及其现状调研，影响建筑废弃物产生量的主要因素有：建筑施工面积、更新改造面积、建筑装潢废弃物、建材生产废弃物、土地道路开挖废弃物、环保材料使用量、建筑废弃物回收率和政府监管力度。

按照建筑废弃物产生来源的不同，结合广州市实际情况，根据选取指标体系原则，确定建筑废弃物产生量的预测工作主要考虑：新建建筑物建设施工废弃物、旧建筑物拆除废弃物、道路改造废弃物、房屋装修废弃物、基坑土及轨道交通工程弃土。

2.2.2 建筑废弃物产生量计算模型——以广州市为例

2.2.2.1 新建建筑物建设施工废弃物产生量计算模型

根据广州市余泥渣土排放管理处管理经验，新建建筑物建设施工废弃物的产生量与新建建筑物的施工建筑面积一般成正比关系。

根据我国多个城市建筑行业建设经验，经过对砖混结构、全现浇结构和框架结构等建筑施工材料损耗的粗略统计，在1万平方米建筑面积的施工过程中，产生的废弃砖和水泥块等建筑废渣的产量为500~600吨。建筑废弃物可按$1m^3$建筑体积产生1.6吨换算。结合广州市建筑行业的实际情况，规划新建建筑物建设施工废弃物的产生量按照$300m^3$/万m^2进行估算，推算新建建筑物建设施工废弃物产生量。其预测模型为：

$$Q_n = 300 \times 10^{-4} \times S_{con} \tag{2-1}$$

其中，Q_n——新建建筑物建设施工废弃物的产生量，单位：万立方米；

S_{con}——新建建筑物的施工建筑面积，单位：万平方米。

2.2.2.2 旧建筑物拆除废弃物产生量计算模型

根据我国多个城市建筑行业建设经验，结合广州市实际情况，每平方米拆除建筑大约产生0.81立方米的建筑废弃物。因此，依据每年更新改造建筑面积，可以推算出更新改造的建筑废弃物年产量。其预测模型为：

$$Q_o = 0.81 \times S_{dem} \tag{2-2}$$

其中，Q_o——旧建筑物拆除废弃物的产生量，单位：万立方米；

S_{dem}——旧建筑物拆除的施工建筑面积，单位：万平方米。

结合广州市建设情况，旧建筑物拆除废弃物的来源主要包括旧村改造、旧城改造、旧厂改造项目建设拆迁。

2.2.2.3　道路改造废弃物产生量计算模型

根据建设经验，道路改造废弃物的产生量一般与道路改造的总面积成正比，路面厚度可按 10 厘米考虑，而道路改造的频率可按 10 年一次考虑，其预测模型为：

$$Q_r = 0.1 \times \frac{1}{10} \times S_r \tag{2-3}$$

其中，Q_r ——道路改造废弃物的产生量，单位：万立方米；

S_r ——城市道路面积，单位：万平方米。

2.2.2.4　房屋装修废弃物产生量计算模型

根据广州市余泥渣土排放管理处提供的管理经验，房屋装修废弃物的产生量可按每套房屋装修工程产生 7 立方米装修废弃物估算。本规划取 7 立方米/套为房屋装修废弃物产生量预测指标。装修工程的完成量与每年新建房屋的数量和部分现状房屋重新装修密切相关。根据类似城市经验，现状房屋重新装修数量按每年新建房屋数量的 1 成进行估算。预测模型为：

$$Q_d = 7 \times 10^{-4} \times (N_n + 0.1 \times N_n) \tag{2-4}$$

其中，Q_d ——房屋装修废弃物的产生量，单位：万立方米；

N_n ——新建房屋的数量，单位：套。

2.2.2.5　基坑土及轨道交通工程弃土产生量计算模型

建设工地的基坑土与施工建筑面积关系密不可分。根据广州市城市管理委员会管理经验及建筑行业经验，建设工地的基坑土产生量一般可直接按相应建设工程所产生的新建建筑物建设施工废弃物的 3 倍计算，其计算模型为：

$$Q_{spo} = 3 \times Q_n \tag{2-5}$$

其中，Q_{spo} ——建设工地的基坑土产生量，单位：万立方米；

Q_n ——新建建筑物建设施工废弃物的产生量，单位：万立方米。

轨道交通工程弃土主要来自于地下轨道交通工程，其产生的弃土量可直接按地铁车站体积和行车隧道体积之和计算。根据广州市地下铁道总公司提供的数据，可知：①地铁行车隧道单洞直径 6 米，一条线路两条隧道，弃土产生量为 35000m³/km；②标准车站尺寸为 266 米 ×22 米 ×16.5 米（长 × 宽 × 高），建筑废弃物量：95000m³/个。计算模型为：

$$Q_{sub} = 3.5 \times (L - 0.266 \times N) + 9.5 \times N \tag{2-6}$$

其中，Q_{sub} ——地下轨道交通工程产生的弃土量，单位：万立方米；

L——地下轨道线路隧道总长度，单位：千米；

N——标准车站的数量，单位：个。

2.2.3 建筑废弃物产生量预测

根据建筑行业建设经验、广州市建筑废弃物消纳场布局规划数据及上述产量预测理论，将广州市辖区内十一区新建建筑物建设施工废弃物、“三旧”改造拆除废弃物、道路改造废弃物、房屋装修废弃物、建设工地的基坑土及轨道弃土产生量预测结果相加，即可计算出广州市十一区 2019—2023 年每年产生的建筑废弃物总量，如表 2.3 所示。经计算，未来 5 年广州市辖区将产生建筑废弃物共计 1.7 亿 m^3，建筑废弃物处理压力巨大。

表 2.3 广州市建筑废弃物预测汇总表（单位：万立方米）

	2019 年	2020 年	2021 年	2022 年	2023 年
新建建筑物建设施工废弃物的产生量	450.8	454.9	459	433.6	438.5
“三旧”改造拆除废弃物的产生总量（按 5 年规划总量取平均值）	801.9	801.9	801.9	801.9	801.9
道路改造废弃物的产生量	201	290	293	192	195
房屋装修废弃物的产生量	151.2	151.9	152.5	148.2	149.1
建设工地的基坑土产生量	1352.3	1364.6	1376.9	1300.8	1315.4
轨道弃土产生量	442.47	456.52	473.33	418.11	406.03
合计	3399.67	3519.82	3556.63	3294.61	3305.93

根据广州市余泥渣土所提供的 2008～2016 年建筑废弃物产生量数据，经加权平均计算，越秀区、荔湾区、天河区、海珠区、白云区、番禺区、黄埔区、增城区、从化区、花都区、南沙区等十一区建筑废弃物年产生量所占比例如图 2.3 所示。

结合上述广州市十一区建筑废弃物产生量所占比例，对 2019 年－2022 年各区建筑废弃物产生量进行预测。预测结果如表 2.4 所示。

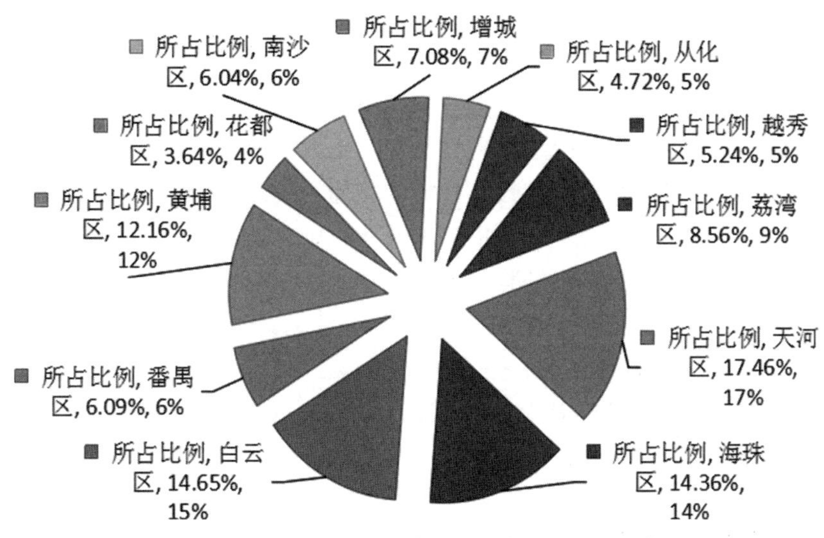

图 2.3　广州市十一区建筑废弃物产生量比例示意图

表 2.4　2019－2023 年广州市十一区建筑废弃物产生量列表（单位：万立方米）

	2019 年	2020 年	2021 年	2022 年	2023 年
越秀区	178.14	184.44	186.37	172.64	173.23
荔湾区	291.01	301.30	304.45	282.02	282.99
天河区	593.58	614.56	620.99	575.24	577.22
海珠区	488.19	505.45	510.73	473.11	474.73
白云区	498.05	515.65	521.05	482.66	484.32
番禺区	207.04	214.36	216.60	200.64	201.33
黄埔区	413.40	428.01	432.49	400.62	402.00
花都区	123.75	128.12	129.46	119.92	120.34
南沙区	205.34	212.60	214.82	198.99	199.68
增城区	240.70	249.20	251.81	233.26	234.06
从化区	160.46	166.14	167.87	155.51	156.04
合计	3399.67	3519.82	3556.63	3294.61	3305.93

2.3 建筑废弃物的基本力学性能指标

建筑废弃物从某种角度来看是一种特殊的“土”，它具有非连续多孔介质的特性，能承受一定的荷载，同时也有自身的特点：结构复杂、成分多样、透水性好、不冻胀、塑性小，具有稳定的物理性质。但国内外鲜见专门对建筑废弃物特性进行的系统研究，根据不同建筑废弃物类型，本书结合工程试验和以往研究结果尝试给出经验值，供各类研究和应用借鉴。

2.3.1 颗粒级配

建筑废弃物的粒径极差大，既有大于200mm的混凝土块，有介于60～200mm之间的碎砖石、木料，也有小于0.25mm的砂粒，甚至更小粒径的石灰、粉尘（小于0.075mm），直观上看是一种级配良好的建筑废弃物土。雷华阳博士在天津某建筑废弃物堆场取试样做筛分试验，试样主要成分有混凝土块、砂石、渣土、灰土等，筛除粒径大于40mm的颗粒后，剩余质量4986g，各粒级的数据见表2.5。笔者以此数据绘制该试样的级配曲线如图2.3。

表2.5 建筑废弃物样品的筛分试验数据

筛孔径（mm）	筛上剩余土（g）	所有筛上土重（g）	小于该粒径的质量百分数（%）
40	0.00	—	100
20	495.90	495.90	90.05
10	717.10	1213.00	75.67
5	561.40	1774.40	64.41
2	390.30	2164.70	56.58
1	538.48	2703.18	45.78
0.5	572.47	3275.65	34.30
0.25	463.60	3739.25	25.01
0.075	494.08	4233.33	15.10
<0.075	752.67	4986.00	0.00

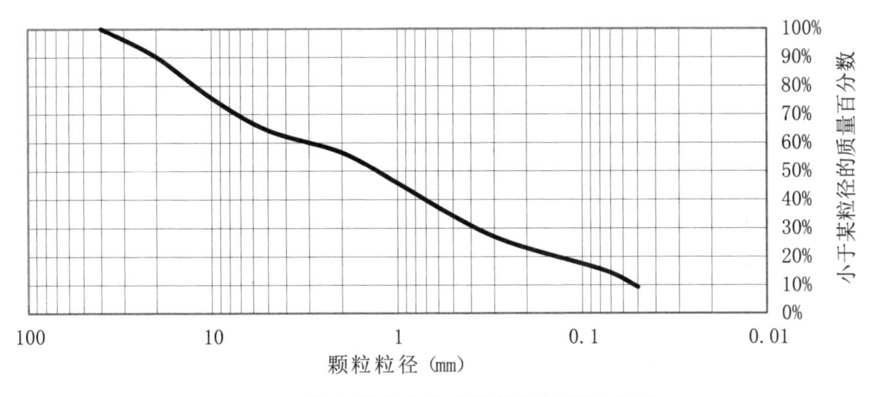

图 2.3　某建筑废弃物试样的颗粒级配曲线

与普通土体的反“S”形级配曲线相比，建筑废弃物的级配曲线更像一条直线，这可能由于试验时剔除了部分大块的混凝土和砖瓦等大直径成分而影响了曲线的形状。参照土粒的级配指标，同样可用不均匀系数 C_u 和曲率系数 C_c 来反映建筑废弃物的情况。

$$c_U = \frac{d_{60}}{d_{10}}, c_c = \frac{d_{30}^2}{d_{10} \times d_{60}} \tag{2-7}$$

式中，d_{10}，d_{30}，d_{60}，分别表示小于某粒径的颗粒质量累计百分数为 10%、30% 和 60% 的粒径尺寸。

从图 2.3 获得数据为 $d_{10} = 0.053$，$d_{30} = 0.39$，$d_{60} = 2.8$，代入式（2 - 7）：

$C_u = d_{60}/d_{10} = 2.8/0.053 = 52.8 > 5$，

$C_c = (d_{30})^2/(d_{10} \cdot d_{60}) = 0.39^2/(0.053 \times 2.8) = 1.02 \in (1 \sim 3)$

结果显示，建筑废弃物中各粒组的含量较为平均，大小颗粒混杂，级配良好，做适当的破碎、分选处理后用于地基加固是具有可行性的。

2.3.2　重度 γ

重度是建筑废弃物的一项重要指标。工程设计和质量控制的依据之一，是用重度可以确定废弃物的疏密及干湿状态和推算其他相关物理指标。

建筑废弃物的重度变化幅度很大，主要取决于它的组成成分，还与含水量、堆放时间、压实程度和环境条件有关。国内的建筑废弃物大多没有经过分类投放和粉碎处理，堆填体一般具有大孔隙结构，并含有较多纤维、金属、废纸、塑料等物质，在自重作用下压密的时间较长，某些有机物还会发生降解。所有这些因素都对建筑废弃物的重度产生不同程度的影响，使其显示出较大的离散性。

测定重度有多种途径，可在现场用大尺寸试样盒或试坑测定，或用勺钻取样在实验室测定，也可用γ射线在原位测井中测出，还可以测出废弃物中各组成成分的重度，然后按其所占百分比求出整个废弃物的重度。

袁建新认为，城市废弃物填土的平均重度 γ_1 可用式 $\gamma_1=(\sigma_c-\sigma_0+\delta_u)/h$ 来推算，式中 σ_c 为废弃物堆置后引起的有效固结压力，σ_0 为堆置前的固结压力，δ_u 为基础土体中取样处的孔隙水压力，h 为废料堆置高度。他还估算生活与工业废料混合体的重度约 6.28kN/m^3。赵雅芝等在做建筑废弃物对渗透液吸附试验时将采集的废弃物样品按一定配比（见表 2.6）填充于玻璃吸附柱中，柱内径 26.5mm，填充高度 300mm，测得样品质量 185g，由此可计算该废弃物样品的重度为 10.96kN/m^3。

表 2.6 废弃物样品组成及含量（%）

	砖、碎石块	木块	玻璃	金属	塑料	渣土	织物	其他	总计
质量百分比（%）	10.00	8.00	7.00	1.25	7.00	39.00	9.00	18.75	100

国外学者 Kavazanjian、Fassett 等人根据有关资料归纳出固体废弃物的重度介于 3.0kN/m^{3}和 14.4kN/m^{3}之间，在填埋场经过压实的平均容重为 9.4 ~ 11.8kN/m^3。目前关于建筑废弃物重度的取值范围仍难以确定，反映了其组成和物理性质的复杂性。

2.3.3 含水量 ω

在研究固体废弃物时，含水量通常用两种方法定义，一种是废弃物土中水的重量与废弃物土干重之比，常用于土工分析；另一种是废弃物土中水的体积与废弃物土总体积之比，常用于水文和环境分析。文中除特别指明外，一般指重量含水量。测定含水量可用烘干法，由于建筑废弃物的“颗粒”远大于一般的土，故每次试验的样品要达到普通土试验量的 10 倍甚至 100 多倍才使测定的含水量具有实际意义。

和一般土相比，建筑废弃物的含水量与原始成分（包括有机质含量）、当地气候、堆放时间的关系更为密切。尤其是气候，多雨潮湿地区的废弃物含水量一般偏高，并且雨季明显高于其他季节。有学者对废弃物堆填土（主要是生活废弃物）所做试验显示，废弃物的含水量随埋深增大而呈现减小趋势，这是由于深度越大，堆填的时间越长，废弃物中因自重和有机物降解产生的渗滤液排走使含水量降低，而浅层则受天气影响波动较大。但王朝晖的烘干试验结果反映，废弃物堆填土的含水量随埋深增加而减小的趋势不明显。

国外的研究表明，废弃物的含水量随有机质含量的增加而增加，当有机质含量在 25% ~60% 之间变化时，含水量为 20% ~135%。考虑到建筑废弃物的有机质含量少于生活废弃物，其含水量在一般情况下可取 10% ~35%。值得注意的是，按照方晓阳的观点，土的含水量宜把结合水计算在内，废砂浆、混凝土块和渣土均含有大量的结合水，其性质稳定，自然状态下不易分解。如果考虑结合水，建筑废弃物的含水量可达 50% 以上。

2.3.4　孔隙率 *n*

孔隙率定义为废弃物孔隙体积与总体积之比。与普通土类相比，建筑废弃物是一种包含大粒径的散粒土体，形成时间短，颗粒尺寸不均，结构不密实，初始孔隙率较大。资料显示，由于施工技术、固体废弃物成分和压实程度不同，国内废弃物土的孔隙率普遍比国外高，国内为 65% ~80%，国外为 40% ~52%，该数值略高于一般压实黏土衬垫约 40% 的孔隙率。国外学者给出的固体废弃物常用指标的参考值见表 2.7。

表 2.7　固体废弃物的常用指标

资料来源	重度（kN/m^3）	体积含水量（%）	孔隙率（%）	孔隙比
Rovers et al.（1973）	9.2	16	—	—
Fungaroli et al.（1979）	9.9	5	—	—
Wigh（1979）	11.4	8	—	—
Walsh et al.（1979）	14.1	17	—	—
Walsh et al.（1981）	13.9	17	—	—
Schroder et al.（1984）	—	—	52	1.08
Oweis et al.（1990）	6.3 ~14.1	10 ~20	40 ~50	0.67 ~1.0
Yuen et al.（2000）	8.3	55（重量含水量）	55	1.22

2.3.5　透水性

建筑废弃物不论是堆放还是用来回填、平整场地或加固地基，地表水或地下水在废弃物土中渗流都会产生渗流力，从而影响坡体、地基的稳定性，因此需要了解废弃物土的水力特性。渗透系数是一个重要参数，可通过堆放场的抽水试验、大尺寸试坑渗漏试验和实验室大直径试样的渗透试验求出，也可根据堆放场的降水量和渗滤液产出体积之间随时间的变化关系进行估算。

表2.8归纳了部分学者对城市固体废弃物渗透系数的测定取值。由表可看出，城市固体废弃物的渗透系数的数量级为 $10^{-4} \sim 10^{-3}$ cm/s，与粉砂、细砂（$10^{-4} \sim 10^{-2}$ cm/s）相当。王朝晖针对不同堆积深度和时间的固体废弃物进行了大量的渗透试验，发现随深度的增大和时间的推移，固体废弃物变得更密实，渗透系数逐渐减小。

固体废弃物中某些组分对渗透系数有较大影响，如塑料可大幅度降低废弃物土的渗透系数。而大尺寸的碎石、金属或玻璃等杂物则会提高废弃物土的渗透系数。因此，对黏土衬垫的分层处理以及废弃物的分选堆填，可以减小固体废弃物的渗透系数，有效控制堆放场地和废弃物土地基的污染物扩散。

表2.8　城市固体废弃物渗透系数的测定取值

资料来源	渗透系数（cm/s）	测定方法
Fungaroli et al（1979）	$1 \times 10^{-3} \sim 2 \times 10^{-2}$	渗透仪
Schroder et al（1984）	2×10^{-4}	由各种资料综合估算
Oweis et al（1986）	10^{-3} 量级	现场试验资料估算
Landva et al（1990）	$1 \times 10^{-3} \sim 4 \times 10^{-2}$	试坑渗漏试验
Oweis et al（1990）	1×10^{-3}	抽水试验
Oweis et al（1990）	1.5×10^{-4}	现场变水头试验
Oweis et al（1990）	1.1×10^{-3}	试坑渗漏试验
钱学德（1994）	$9.2 \times 10^{-4} \sim 1.1 \times 10^{-3}$	现场试验资料估算
浙江大学（1998）	$2 \times 10^{-4} \sim 4 \times 10^{-3}$	室内土样管试验

2.3.6　有机质含量

建筑废弃物土中的有机质具有复杂的化学成分且易分解，其含量会影响废弃物土的压缩和堆场的沉降。Coduto 等认为，由于有机质分解引起的沉降可达废弃物土厚度的18%～24%，这一比例是很可观的。实际上，在自然条件下废弃物土中相当一部分有机质并不会发生降解，而且建筑废弃物所含易腐的厨房类废弃物（如肉骨、蔬果、皮壳）极少，经过废弃物分拣后用之回填场地或处理地基可以不考虑有机质分解引起的沉降；若没有进行分拣，则需要分析废弃物土中的塑料、废纸、木材、纺纤等物质降解导致的次固结（次压缩），即三个问题：①可降解的有机质含量，②降解速率，③降解与废弃物土次压缩的关系。

在岩土工程领域中，测定土的有机质含量是采用室内灼烧法，这是土工试验的一种常用方法，土试样在 550℃ 高温下灼烧至恒重时损失的重量与烘干土重的比值即为有机质含量。对建筑废弃物而言，灼烧失重包括塑料、废纸、竹木材、土工织物和易挥发物等。与发达国家相比，我国的建筑废弃物中纸类和木料含量普遍偏低，由灼烧失重测得的有机质含量为 7% ~11%，国外至少在 13% 以上。

2.3.7　压缩特性

废弃物土的压缩特性是填埋场合理选址和设计的重要依据之一，在国外从 20 世纪 40 年代就开始研究该问题，早期的工作是为了对填埋场址进行可行性研究，现今的重点则转为通过分析废弃物土的沉降来提高填埋效益。尽管固体废弃物的许多性质与普通土类不尽相同，人们还是视之为一种特殊的土——固体废弃物土，并仿照研究一般土体的方法来研究其压缩性。建筑废弃物也是固体废弃物，其特点可类比填埋场的废弃物土，但目前有关压缩特性的资料主要针对城市生活废弃物，鲜有研究建筑废弃物压缩指标（压缩系数、压缩指数、压缩模量等）的文献，雷华阳等通过静载荷试验研究建筑废弃物的 $p-s$ 曲线是一个有益的尝试。试验在天津一个有 20 年埋龄的建筑废弃物填埋场中进行，废弃物土厚度 10 ~30m，组分有混凝土块、砂石、渣土、砖瓦、石灰等。

试验结果显示，当荷载达到 120kPa 时，2004、2005 年两年堆填的建筑废弃物土变形量基本在 5mm 以内，某些测点（2004 年堆填）的沉降值只有 1mm。在小荷载范围内（0 ~200kPa），建筑废弃物土的压缩变形量较一般土体要小，曲线部分区段出现下凹形状（图 2.4（a）的 ABC 段），随着荷载的增加才逐渐转为常规的形状，到 600kPa 时平均沉降量约 50mm。废弃物土的 $p-s$ 曲线大体上与松散中砂相当。试验还表明建筑废弃物土的变形特性与其湿润状态密切相关，同一荷载下干燥与湿润状态的变形量最大可相差 4 倍。

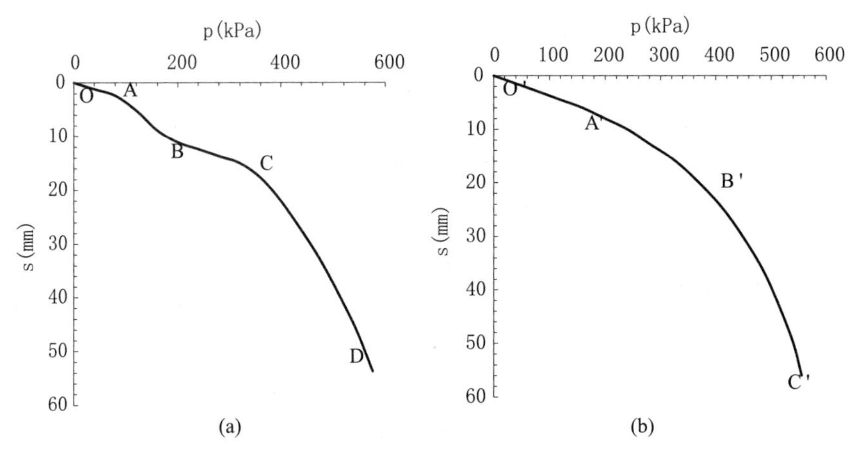

图 2.4 建筑废弃物与普通土类的 $p-s$ 曲线

(a) 建筑废弃物；(b) 普通土类（松散中砂）

图 2.4 比较了建筑废弃物与普通土类 $p-s$ 曲线的基本形状。对于建筑废弃物，OA 段近似直线，属弹性变形阶段，大颗粒通过相互挤压和摩擦来承受外荷产生的内力，发挥了土骨架的作用，但该段一般比普通土类的线形变形阶段 O′A′短。因为由大颗粒组成的土骨架并不稳定，颗粒之间存在许多大孔隙，当荷载继续增加时，大颗粒间发生滑动和镶嵌，大孔隙数量减少，孔隙水和气体在小颗粒不断填塞下逐渐消散，压缩量变化较快，故 AB 段的斜率大于 OA 段。随着荷载进一步加大，土骨架发生调整，小颗粒物质开始发挥作用，限制废弃物土的变形，在 $p-s$ 曲线上表现为 BC 段变化相对缓慢。废弃物土在压密的过程中，一些形状较大的成分如混凝土块、砖瓦被压碎，土结构受到破坏，此时即使压力增加不大，压缩量也会急速变化，且不能稳定，这个破坏阶段（CD 段）与普通土类（B′C′段）相似。

由于建筑废弃物成分的复杂性、多样性和不均匀性，短时间的压缩试验仅反映其与一般土相同的压缩过程，而未反映有机成分腐烂分解引起的固结变形，这部分变形将持续到垃圾土中的物理、化学和生化反应结束，需要几十年的时间。因此，在进行填埋场、堆场设计以及用垃圾回填场地、堆山造景时不考虑这种次压缩显然是不够全面的。

总之，影响建筑废弃物土压缩的因素是多变的，包括组成成分和比例、初始重度、压实程度、含水量、埋置深度、环境因素甚至 pH 值、温度等。其压缩机理可归纳为以下四点：①形状变化，指在荷载作用下垃圾颗粒发生畸变、碎裂等物理变形，使体积减小。②位置错动，指垃圾中的大小颗粒由于形状和排列的改变，不断镶嵌和充填到孔隙之中，土骨架发生调整。这种现象也见于普通土体的压缩过程，只是在垃圾中存在的孔洞较多较大，现象更为明显。③固结作用，指孔隙水和气体消散，土颗粒局部调整。这与普通土类基本相同。④生化因素，包括化学反应和生物分解，两者分别指垃圾中的无机成分因氧化、腐蚀，有机成分因发酵、降解而引起的质量和体积减小。上述机理反映了建筑废弃物的压缩具有小变形特征以及比一般土体更为明显的时效效应。

第3章　再生骨料生产工艺及基本性能

再生骨料（recycled aggregate）是指由建筑废弃物中的混凝土、砂浆、石或砖瓦等加工而成的、可作为某些综合利用产品原材料的、具有一定粒径的颗粒。其中，粒径大于4.75mm的，称为再生粗骨料；粒径小于等于4.75mm的，称为再生细骨料。

3.1　再生骨料研究现状

3.1.1　国内再生骨料发展

我国对再生混凝土的研究晚于工业发达国家。目前我国对再生混凝土的开发利用进行立项研究，并取得了一定的研究成果。实验表明再生骨料的吸水率较大，因而加大了再生混凝土单位用水量，然而，到目前为止我国对再生混凝土利用还没有一套完整的规范。

国内已经有了一些混凝土回收利用的先例，如上海市某建筑工程公司在市中心的两项工程的7幢高层建筑的施工过程中，将结构施工阶段产生的建筑废弃物，经分拣、剔除并将有用的废渣碎块粉碎后，与标准砂按1∶1的比例拌合作为细骨料，用于抹灰砂浆和砌筑砂浆。共计回收利用建筑废渣480t，节约沙子材料费1.44万元和垃圾清运费3360元，扣除粉碎设备等购置费，净收益1.24万余元。

近些年来，上海、北京、河北等地的一些建筑公司对建筑废弃物的回收利用做了一些有益的尝试，上海市建筑构件公司利用建筑工地爆破拆除的基坑支护等废弃混凝土制作混凝土空心砌块，其产品各项技术指标完全符合上海市《混凝土小型空心砌块建筑技术规程》（JGJT14-2004）标准。

3.1.2　国外再生骨料发展

将废弃混凝土块经过破碎、清洗、分级后，按一定的比例混合形成再生骨料，部分或全部地代替天然骨料配制的混凝土称为再生骨料混凝土（Recycled Aggregate Concrete，RAC），简称再生混凝土。早在第二次世界大战之后，世界上一些发达国家如苏联、德国、日本等国，就已开始了废弃混凝土回收再利用的研究。

日本将建筑废弃物视为“建筑副产品”，十分重视把废弃混凝土作为可再生资源重新开发利用。早在1977年日本政府就制定了《再生骨料和再生混凝土使用规范》，并相继在各地建立了以处理混凝土废弃物为主的再生加工厂，生产再生骨料和再生混凝土，还制定了多项法规来保证再生混凝土的发展。根据日本建设省的统计，1995年日本混凝土的利用率为65%，当时要求到2000年废弃混凝土块资源再利用率达到90%。此外，日本还对再生混凝土的吸水性、强度、配合比、收缩性、耐冻性等进行了系统的研究。

在美国，政府制定了法律为再生混凝土的发展提供法律保障。美国除鼓励应用再生混凝土外，还对其性能进行了研究。如密歇根州对两条用再生混凝土铺筑的公路进行了再生混凝土干缩性能的实验研究，实验表明再生混凝土的干缩率大于天然骨料混凝土。美国的公司采用微波技术，可完全回收利用再生旧沥青混凝土路面料，其质量与新拌沥青混凝土路面相同，而成本降低了1/3，同时节约了垃圾清运和处置等费用，大大减轻了城市的环境污染。

在德国，每年拆除的废混凝土按人均计约为0.3吨，此数字在今后还会继续增长，目前德国的再生混凝土主要用于公路路面。德国的一条双层混凝土公路采用了再生混凝土，其底层19cm采用再生混凝土，面层7cm采用天然骨料配置的混凝土，德国2020年有望将80%的再生骨料用于10%～15%的混凝土工程中，德国规范委员会于2002年2月颁布了《DNI4226－100：混凝土和砂浆骨料－100：再生骨料》规定，德国钢筋委员会2004年更新了1998年提出的《再生骨料混凝土应用指南》，为再生骨料的生产做了具体的规定，《再生骨料混凝土应用指南》第一部分则为再生混凝土在土木工程中的广泛应用拓宽了渠道。按照这两个规定，再生混凝土在满足一些基本条件的情况下，可与普通混凝土一样用于各种室内外建筑中。

比利时和荷兰，利用废弃的混凝土做骨料生产再生混凝土，并对其强度、吸水性、收缩性等特性进行了研究；法国利用废弃的碎混凝土块和碎砖生产出了砖石混凝土砌块，所得的混凝土块已被测定，符合与砖石混凝土材料有关的NBNB21－001标准。奥地利的有关实验表明，采用50%的再生骨料的再生混凝土，其强度值可达到奥地利标准B225－300，并且抗盐侵蚀性也有所提高。

3.2 再生骨料生产工艺

建筑废弃物的主要成分属于无机材料，耐酸、耐碱、耐水性好，化学性质比较稳定，同时具有稳定的物理性质：颗粒大、透水性好、不冻涨、塑性小。建筑废弃物的这些性质决定其经过处理是一种很好的建筑材料，建筑废弃物中的许多废弃物经分拣、剔除或粉碎后，大多是可以作为再生资源回收利用的，如：废混凝土、废砖瓦、废钢铁等。随着人们环保意识的加强，各国都在加强建筑废弃物再生利用的技术研究，发展了许多回收利用建筑废弃物做建筑材料的技术。

废玻璃、陶瓷的回收利用途径很广泛。在建筑工程中，废玻璃可直接作为粗骨料，也可磨细作为细骨料；砖、石、混凝土等废料经破碎后，可以替代沙子用于砌筑砂浆、抹灰砂浆、打混凝土垫层等，还可以用于制作砌块、铺道砖、花格砖等建材制品。废钢铁、废铁丝、废电线等各种废金属配件经分拣、集中后，在钢铁厂重新回炉后可以再加工制造成各种规格的钢材；废木材则可以用于制造人造木材；施工中散落的废砂浆可以通过冲洗，将其还原成水泥浆和砂进行回收。

综合利用建筑废弃物是节约资源、保护生态的有效途径。日本、美国、德国等工业发达国家在这些方面的许多先进经验和处理方法很值得我们借鉴。由上可知，建筑废弃物作为建筑材料再生利用的途径多种多样，我们要广泛扩展建筑废弃物再生利用的途径，积极回收利用建筑废弃物资源。

再生骨料的生产工艺主要包括人工分拣、初次筛分、初次破碎、二次筛分、二次破碎、三次筛分等流程。目前再生骨料的加工方法主要是将切割破碎设备、传送机械、筛分设备和清除杂质的设备有机地组合在一起来共同完成建筑废弃物的破碎、筛分和除去杂质等工序，最后得到符合质量要求的再生细骨料和再生粗骨料。

(1) 李惠强和杜婷设计了制备再生骨料的生产流程。在此工艺中，块体破碎、筛分均是碎石骨料生产的成熟工艺，关键是控制分选、洁净、冲洗等环节的工艺技术和质量。该工艺的重要特点是有一填充型加热装置，经加热、二级破碎、二级筛分后可获得高品质再生骨料。加温到300℃后，粘附在天然骨料表面的水泥石黏结较差的部分，或在一级破碎中天然骨料外已带有损伤裂纹的水泥石，在二级转筒式或球磨式碾压中都会脱落，剩下的粗骨料的强度相对提高了。但加温、二级碾磨、二级筛分会带来生产成本的增加。

（2）毋雪梅采用化学溶液浸渍或包裹等方法来改善再生骨料的性能，将再生骨料生产过程中产生的小于0.15 mm的微细粉料经过球磨后成水泥细度，作水泥混凝土的矿物掺和料，从而达到废弃混凝土百分之百地转化为再生资源的目的。

（3）史魏和侯景鹏设计了一套带有风力分级设备的骨料再生工艺。该工艺使用了风力分级装置及洗尘设备，将粒径为0.15～5mm的骨料筛分出来，为循环利用再生细骨料奠定了基础。

（4）肖建庄等考虑到我国劳动力成本较低，且机械不适宜处理大块杂质，选择了人工法对废弃混凝土块进行分选，除去钢筋和木材。工艺中将粒径小于5mm的再生细骨料视为杂质去除，特配备两台破碎机使废弃混凝土能达到需要的粒径范围（5～40mm）。由于再生骨料通常含有较多的有害物质，如黏土、淤泥、细屑等，它们粘附于骨料的表面，降低了再生混凝土的强度，又增大了混凝土的用水量，因此在筛分之后增加了冲洗环节。

（5）我国台湾地区目前采用的废弃混凝土块生产工艺中包括油压式履带型碎石机和重物筛选机等破碎及处理机具。再生骨料的处理模式主要有两种，一种是油压式履带型碎石机和人工筛选台组合方式；另一种是重筛机＋油压式履带型碎石机＋人工筛选台的组合方式。

（6）目前德国废弃混凝土的处理技术分为干处理技术和湿处理技术。干处理技术大致分为两个阶段：（a）预处理阶段：原材料过筛后先使用挑选设备去除废料中的杂质，然后送入冲击破碎机将粒径大于45 mm的材料破碎成较小颗粒；再经过磁性分离机除去铁质。（b）粒组分化阶段：首先进行二次筛分，再经过空气分离机将各粒组的细小杂质分离，就此可得到不同粒径的再生骨料。用这种方法处理过的再生骨料纯度和质量较高，可满足工程要求。湿处理技术原理是脉冲水流冲过材料混合物，利用材料密度不同去除杂质。

（7）日本两家公司、大阪城市大学和粟本钢有限公司的Masaru Yamada教授共同研发了"Cy－clite"高性能再生骨料，其生产过程包括三个阶段：①预处理阶段，除去废弃混凝土中的其他杂质，用颚式破碎机将混凝土块破碎成40mm直径的颗粒。②碾磨阶段：混凝土块在偏心转筒内旋转，使其相互碰撞、摩擦、碾磨，除去附着于骨料表面的水泥浆和砂浆。③筛分阶段：最终的材料经过过筛，除去水泥和砂浆等细小颗粒，最后得到的即为高性能再生骨料。生产的高性能再生骨料满足日本工业标准JIS和日本建筑标准规范JASS规定的原生骨料和碎石标准，同时满足建设中心提出的所有技术认证标准。用"Cy－clite"生产的混凝土与用原生骨料生产的混凝土性能基本相同。这项技术在日本大阪已得到应用。

(8) 在美国，机械处理方法之一是在拌制混凝土拌合物时，先把再生骨料放进转筒式搅拌机中干拌，然后再加入其他组分，认为这是从再生骨料上消除残留砂浆的一种可行方法。

3.3 再生骨料的基本特性

废弃混凝土的来源对再生骨料的性能影响较大。废弃混凝土的来源多种多样，其水灰比、使用年限、碳化程度、矿物掺料、暴露条件以及损伤程度可能存在较大的差异，导致加工而成的再生骨料性能也存在较大差异。相同点是与天然粗骨料相比，再生骨料均具有密度低、吸水率大、孔隙率高、压碎指标大等特点；不同点是各再生骨料的基本性能之间也存在差异，主要表现在：

(1) 由拆除的废旧混凝土建筑物和废弃路面加工而成的再生骨料，由于其老化严重，含杂质较多，导致其密度较低，吸水率较大，孔隙率高。

(2) 由实验室废弃试件加工而成的再生骨料，原始混凝土的强度会对再生骨料的质量产生一定的影响，主要表现为随着原始混凝土强度的增加，再生骨料密度增加、吸水率减小、孔隙率减小，但上述这些差别并不显著。

国内有关的试验数据表明，应用再生骨料的混凝土具有拌和物流动低、黏聚性强、保水性好等特点，并且在同配合比的条件下，应用再生骨料的混凝土立方体抗压强度还有一定的增加，也就是仅采用再生粗骨料制成的再生混凝土，其性能与普通混凝土相差无几。韩国一家再生骨料生产公司所生产的再生骨料和天然骨料的性能参数对比数据，如表 3.1。

表 3.1 再生骨料和天然骨料的性能参数对比表

参数指标	再生骨料		天然骨料	
	粗骨料	细骨料	粗骨料	细骨料
吸水率（%）	1.14	1.73	1.13	1.53
比重	2.61	2.45	2.64	2.55
磨损率（%）	24.6	-	24.1	-
颗粒形状鉴定总结果（%）	59	58	60.8	63.7
筛选时损耗量（%）	0.0	0.4	0.7	0.3

再生粗骨料含有硬化水泥砂浆（水泥砂浆孔隙率大、吸水率高），同时，混凝土块在破碎过程中其内部损伤的累积造成大量微裂纹，因此，再生粗骨料的技术要求，除了包括天然粗骨料要求的颗粒级配、针片状颗粒含量、含泥量、泥块含量、压碎指标、坚固性、有害物质含量外，还应包括堆积密度、密实密度、表观密度、吸水率等性能。其中，表观密度和吸水率能够反映出再生粗骨料中硬化水泥石的含量和裂缝的数量；堆积密度和密实密度除了与颗粒的表观密度有关外，还能够反映出再生骨料的级配情况、粒形好坏。

再生粗骨料与天然粗骨料相比，有着许多不同的性能，其中包括：

（1）在轧碎作业中造成颗粒较粗，棱角也较多。根据粉碎机的不同，其粒径分布也不尽相同。

（2）再生骨料上粘有砂浆和水泥素浆。其吸附的程度取决于轧碎的力度和原混凝土的性能。粘附的砂浆改变了骨料的其他性能，包括质量较轻、吸水率较高、吸附力减少和抗磨强度的降低。

（3）再生骨料在破碎过程中其内部因损伤的积累造成大量微裂纹。

（4）再生骨料中存在污染性异物，其中可能包括黏土颗粒、沥青碎块、石灰、碎砖和其他材料，如木材、玻璃、钢件或其他金属。这些污染物通常会对再生骨料拌制的混凝土力学性能和耐久性造成负面影响，需引起注意并采取有效防范措施。例如，日本建设省为扩大建筑副产品、拆除混凝土等材料的重新利用做了大量工作，通过颁布《再生混凝土材料的质量试行条例》给出了再生骨料的质量标准，并根据其质量将再生骨料划分成几个等级，如表3.2所示。

表3.2　日本再生骨料质量等级

粗骨料			细骨料		
等级	吸水率（%）	坚固性指标（%）	等级	吸水率（%）	坚固性指标（%）
Ⅰ	<3	<12	Ⅰ	<5	<10
Ⅱ	<3 和 <40 或者 <5 和 <12		Ⅱ	<10	/
Ⅲ	<3	/	/	/	/

3.3.1　再生骨料的颗粒级配

再生骨料的加工方法主要是将切割破碎设备、传送机械、筛分设备和清除杂质的设备有机地组合在一起来共同完成建筑废弃物的破碎、筛分和除去杂质等工序，最后得到的再生骨料一般带有若干棱角，孔隙较多，表面粗糙且附着30%左右的水泥砂浆，但是黏结力好。在破碎过程中往往会产生一些片状颗粒和弱势颗粒（带有裂缝的颗粒），还会混入一些有害物质，其黏结在表面，妨碍水泥和细骨料的黏结，降低混凝土强度，同时增加再生骨料混凝土的用水量。因此在使用前，有必要对再生骨料进行冲洗、过筛等处理，将有害杂物清除。

原始混凝土级配等级越高，则再生骨料表面包裹砂浆的程度越大，碎石程度比卵石要高。再生粗骨料优先选择连续级配，考虑到目前的破碎工艺所形成的再生骨料一般不可能达到连续级配，所以将现有的粒径按不同比例组合，测试其堆积密度，堆积密度最大的即为最优的自然级配。一般在实际应用中将再生骨料和天然骨料按照一定比例组合，比较容易达到最优的级配。

3.3.2 再生骨料的堆积密度和表观密度

再生骨料的表观密度比天然骨料的表观密度低，主要原因是再生骨料表面还包裹着一定量的硬化水泥砂浆，这些水泥砂浆较岩石空隙率大，使得再生骨料的表观密度比天然骨料低。再生骨料较天然骨料堆积密度小而空隙率高。GB/T14685－2001规定骨料的松散堆积密度必须大于1350kg/m^3，空隙率小于47%。再生骨料各个粒级的堆积密度不相同，整体规律是颗粒越大，堆积密度越高，空隙率的变化规律则相反。

硬化水泥砂浆密度低、表面粗糙、空隙率大，在破碎过程中内部产生大量微裂纹，这必然使再生骨料的堆积密度和表观密度低于天然骨料。由于原生混凝土的强度等级、配合比、龄期、使用环境等因素存在差异，因此，目前的文献显示的再生骨料堆积密度和表观密度离散性较大。再生细骨料的堆积密度和表观密度分别为天然细骨料的75%～80%和80%～85%，再生粗骨料的堆积密度和表观密度分别为天然粗骨料的85%以上和90%以上。

3.3.3 再生骨料的压碎指标

再生粗骨料的压碎指标值显著大于天然粗骨料，表明其强度较低，与原生混凝土强度成正比，这主要是因为再生粗骨料表面水泥砂浆含量较高，导致其容易破碎，破碎过程中粗骨料产生的微裂缝也是导致其容易破碎的一个原因。水泥砂浆强度比天然骨料低，因此，再生骨料的压碎指标比天然骨料要高。再生骨料包裹的水泥砂浆越少，压碎指标越接近天然骨料。现行行业标准《混凝土粗骨料用碎石和卵石》（JGJ53）规定，用于配置C35以下的混凝土用碎石压碎指标要求不大于30%，配置C40～C55混凝土压碎指标不宜大于 13%。大量资料表明：用低强度的原生混凝土生产的再生骨料配置中、低强度的再生混凝土，用中、高强度的原生混凝土生产的再生骨料生产中、高强度的再生混凝土，再生骨料的压碎指标是满足要求的。

3.3.4　再生骨料的吸水率

再生粗骨料的吸水率明显大于天然粗骨料。原因主要是再生骨料表面包裹的硬化水泥浆使得其表面粗糙，棱角较多，并且硬化水泥浆自身孔隙率大，又存在大量微裂纹，这使得再生骨料吸水率和吸水速度都比天然骨料大得多。再生粗骨料表面附着部分水泥砂浆，其孔隙率大，在短时间内即可吸水饱和；天然骨料结构坚硬致密、空隙率低，所以吸水率和吸水速率都很小。再加上混凝土块在解体、破碎过程中由于损伤累积，内部存在大量微裂纹，这些因素都使其吸水率和吸水速率大大提高。再生骨料的颗粒粒径越大，吸水率越低。P. C. Kreijger 还从大量实验结果中发现再生骨料的吸水率与其密度之间呈抛物线关系；Ali Topcu 等人的实验发现表观密度为 2470kg/m^3，细度模数为 5.50 的再生骨料浸水 30min 后吸水率达到 7%；尚建丽等通过试验测定再生粗骨料在 10min 内吸水达到饱和程度的 85% 左右，30min 达到 95% 以上，由此可见，再生骨料不仅吸水率大，吸水速率也很快。日本的再生骨料标准规定，在配制再生混凝土时不推荐使用吸水率超过 7% 的再生粗骨料和吸水率超过 13% 的再生细骨料。

3.3.5　再生骨料的坚固性

再生骨料的坚固性反映了骨料的耐腐蚀能力。通过标准硫酸盐腐蚀试验，可以看出再生骨料的抗硫酸盐腐蚀能力有所降低，表明再生骨料的耐久性比较差，应该对再生混凝土的耐久性进行系统的研究。

第4章 无机结合料稳定的建筑废弃物路基混合料及工程特性

相比天然石材，建筑废弃物经破碎后得到的再生骨料具有强度低、孔隙率高、吸水性大的特点。再生骨料的这些特点将导致用建筑废弃物填筑的路基与用天然石材填筑的路基性能存在很大的不同。因此需要全面了解建筑废弃物的组成及工程特性，根据再生骨料的自身特点更好地应用到道路路基工程中。

4.1 路基工程简介

4.1.1 路基概况

依照填挖情况的不同，可以把路基分为路堤、路堑与填挖组合路基三种形式，如图4.1所示。路堤是由岩、土或者其他填料填筑而成的路基；路堑是通过开挖方式形成的路基；经过一侧开挖、另一侧填筑的方式形成的路基，称为填筑组合路基，又称半堤半堑路基。

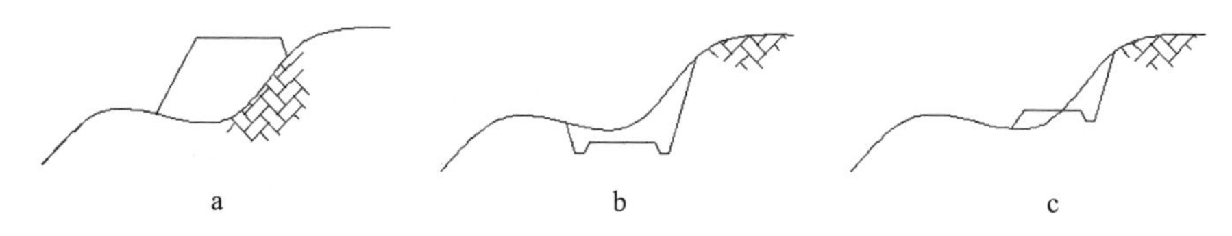

图4.1 路基分类示意图

a 路堤；b 路堑；c 半堤半堑

依照路基填筑的高度差异，将高度小于1.5m的称为矮路基，高度介于1.5m与18m之间的称为一般路基，高度大于18m的称为高路基。依照路基填料的不同，可以分为石质路基、土质路基与土石混合路基。在结构上路基又分作上路堤、下路堤和路床。

4.1.2 路基填料

由于路基填筑的工程量大，因此路基填料一般采用因地制宜的方法，就近选择合适的材料作为路基填料。路基填料的选择要注意下列几个方面：

1. 应该优先选择级配较好的砂类土、砾类土，填料的最大粒径应当小于 150mm。

2. 液限、塑性指数不满足要求的填料以及含水量超出规定的填料，不得直接用作路基填料。

3. 钢渣、粉煤灰等工业废渣用作路基填料之前，应该对有害物质进行检测。

4. 遇到浸水路基时，应当选择渗水性较好的材料作为填料。

4.1.3　路基强度理论

4.1.3.1　路基受力状况

路基在使用的过程中，同时受到由路面传递来的车辆荷载和路基路面的自重荷载。正确的路基设计应当使路基在车辆荷载下只产生弹性变形，在车辆行驶过后，路基能够恢复原状，这样才能保证路基的相对稳定，也不会引起路面的破坏。

假定车辆荷载为圆形的均布垂直荷载，路基为弹性均质半空间体。路基在车辆荷载下引起的垂直应力 σ_1 按布辛奈斯克公式计算：

$$\sigma_1 = k \cdot \frac{P}{z^2} \tag{4-1}$$

式中：k—— 应力系数，$k = \dfrac{3}{2\pi[1 + \left(\frac{r}{z}\right)^2]^{5/2}}$；

P ——车辆荷载，kN；

z ——荷载下的垂直深度，m。

路基在自重荷载下引起的压应力 σ_2 按式（4－2）计算：

$$\sigma_2 = \gamma z \tag{4-2}$$

式中：γ ——填料的容重，kN/m^3。

路基内任何一点的垂直应力，如图 4.2 所示，都是由车辆荷载引起的应力 σ_1 与路基自重荷载引起的应力 σ_2 共同作用形成的，即为：

$$\sigma_z = \sigma_1 + \sigma_2 = k \cdot \frac{P}{z^2} + \gamma z \tag{4-3}$$

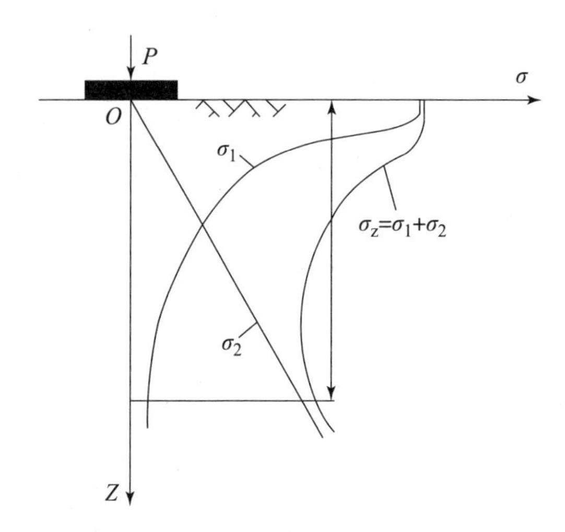

图 4.2　路基中应力分布图

4.1.3.2　路基填料的应力应变关系

理想的线性弹性体在一定的应力范围内，应力与应变的关系呈线性变化，在应力消失的时候，应变也随之消失，恢复到初始的状态。由于路基填料结构与成分的复杂性，使得路基填料的应力应变变化关系与理想的线性弹性体存在较大的区别。

压入承载板试验是研究路基应力应变变化关系的常用方法之一。根据弹性力学的理论，路基的回弹模量可以按下式进行计算：

$$E = \frac{pD(1 - \mu^2)}{l} \tag{4-4}$$

式中：E——填料的回弹模量，kPa；

p——承载板的压强，kPa；

D——承载板的直径，m；

μ——填料的泊松比；

l——承载板的回弹变形，m。

如图 4.3 所示，在荷载小的时候，应力应变的关系呈线性变化；当荷载增大到一定程度，应力应变的关系呈非线性变化。并且，这种特征随着荷载的增大表现得越明显。

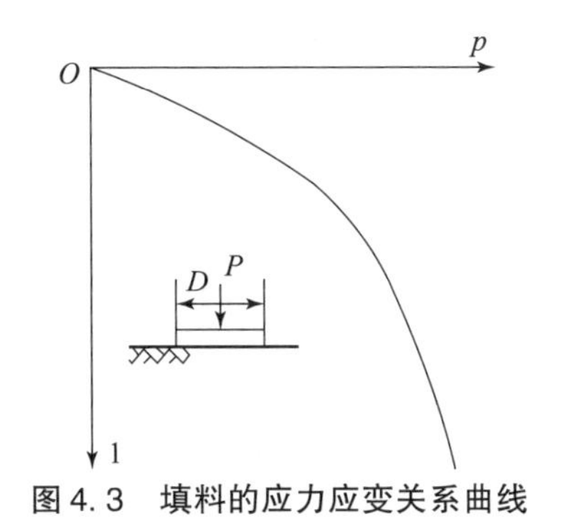

图 4.3　填料的应力应变关系曲线

4.2　建筑废弃物路基混合料原材料的性质

在经过粉碎的建筑废弃物中掺入无机结合料和水，可以稳定建筑废弃物混合物，再经过压实和养生，混合料颗粒之间会逐渐黏结固化成一个整体，从而具有一定的强度。用来稳定建筑废弃物的无机结合料主要有水泥、粉煤灰、石灰和其他工业废渣。本章试验所用的原材料主要包括：建筑废弃物、水泥、石灰、粉煤灰和矿粉。各类原材料的主要性质如下。

4.2.1　建筑废弃物

本章试验所采用的建筑废弃物取自广钢新城项目，分为粗料和细料。建筑废弃物成分复杂，多由碎砖块、碎混凝土块、碎砂石等构成；化学性质较为稳定，耐酸、耐碱性能好；具有强度低、孔隙率高、吸水性大的特点。建筑废弃物的化学成分包括硅酸盐、碳酸盐、硫酸盐、氧化物、氢氧化物和硫化物等。

4.2.2　水泥

本章试验所采用的水泥是湛江水泥有限公司生产的 32.5 级普通硅酸盐水泥，其主要成分含量如表 4.1 所示，其基本性能如表 4.2 所示。

表 4.1　水泥的主要成分含量

成分	含量（%）	成分	含量（%）
SiO_2	23.89	MgO	1.65
Al_2O_3	6.47	Na_2O	0.15
Fe_2O_3	2.81	K_2O	0.73
CaO	55.24	SO_3	2.28

表 4.2 水泥的基本性能

项目	实测值	项目	实测值
细度（%）	2.0	初凝（min）	160
标准稠度（%）	26.6	终凝（min）	226
安定性	合格	28d 抗压强度（MPa）	35.6

4.2.3 石灰

石灰是一种常用的胶凝材料，活性氧化钙和氧化镁的含量是石灰的主要技术指标。所采用的石灰等级应在Ⅲ级及以上，并且应当尽可能地采用等级较高的石灰。一是在等量的情况下，等级高的石灰中活性氧化钙和氧化镁的含量就越高，产生的胶凝效果就越好；二是等级高的石灰细度大，有利于石灰与混合物中的其他材料充分作用；三是等级高的石灰中活性氧化钙和氧化镁的含量高，可以减少混合料中石灰的用量，节约成本，提高混合料的抗干缩能力。本章试验所采用的石灰取自雄强石灰加工厂，其基本性能如表 4.3 所示。

表 4.3 石灰的基本性能

项目	活性氧化镁 + 氧化钙（%）	残渣含量（%）	石灰等级
实测值	87.24	3.12	Ⅰ

4.2.4 粉煤灰

粉煤灰是一种应用十分广泛的无机结合料，《公路路面基层施工技术规范》（JTJ034－2000）规定：粉煤灰中 SiO_2、Al_2O_3、Fe_2O_3 三种成分的总含量应大于 70%，粉煤灰的比表面积宜大于 $2500cm^2/g$，粉煤灰的烧失量应少于 20%。本章试验所采用的粉煤灰取自巩义市怡晟粉煤灰厂，其主要成分含量如表 4.4 所示。

表 4.4 粉煤灰的主要成分含量

成分	含量（%）	成分	含量（%）
SiO_2	46.89	MgO	1.87
Al_2O_3	35.67	Na_2O	1.23
Fe_2O_3	2.63	K_2O	1.37
CaO	2.22	SO_3	1.84
烧失量	5.64	级别	一级

4.2.5　矿粉

矿粉是一种优质的掺合料，不仅能够改善混合料的部分物理力学性能，还能提高混合料的强度。本章试验所采用的矿粉取自韶关矿粉厂，其主要成分含量如表 4.5 所示。

表 4.5　矿粉的主要成分含量

成分	含量（%）	成分	含量（%）
SiO_2	35.67	CaO	44.06
Al_2O_3	12.98	MgO	1.14
Fe_2O_3	1.30	SO_3	1.42

4.3　无机结合料稳定的建筑废弃物路基混合料配合比设计及击实性能

混合料的强度不仅在于建筑废弃物和无机结合料本身的性能，还与混合料中原材料间的配合比关系密切。原材料间的配合比不同时，混合料的性质会存在较大的差异。因此，混合料中原材料间配合比的优劣，将直接影响混合料作为路基填料的使用性能。只有合理选择混合料中原材料的用量，使混合料具有良好的物理力学性能，才能更好地满足道路路基的要求。本章设计了不同的水泥、石灰、粉煤灰、矿粉配合比，对无机结合料稳定建筑废弃物路基混合料的无侧限抗压强度和水稳性能进行了研究，分析了混合料的强度特性。试验采用 $K_w = 5/5$ 的建筑废弃物混合料，即建筑废弃物中粗料与细料的比例保持 1∶1 不变。

4.3.1　水泥稳定的建筑废弃物混合料配合比设计

水泥是一种常见的胶凝材料，混合物中水泥的掺量越大，混合物的强度也越高。为了满足道路基层强度的基本要求，水泥的掺量不宜小于 3%。但是如果水泥的掺量过大，不仅使工程造价提高，而且容易引起收缩裂缝，因此，水泥的掺量不宜大于 7%。本章水泥的掺量按照 3%、4%、5% 变化，设计了三组水泥稳定的建筑废弃物混合料配合比。

4.3.2 水泥、粉煤灰稳定的建筑废弃物混合料配合比设计

水泥具有很好的黏结作用，但是掺量不能过大。在混合料中掺入一定比例的粉煤灰，不但能起到一定的黏结作用，还能填充集料之间的空隙。本章水泥的掺量按照4%、5%变化，水泥和粉煤灰的比例按照1∶2、1∶3变化，设计了四组水泥粉煤灰稳定的建筑废弃物混合料配合比。

4.3.3 石灰、粉煤灰稳定的建筑废弃物混合料配合比设计

采用石灰粉煤灰稳定的建筑废弃物混合料做道路基层或底基层时，石灰和粉煤灰的比例可用1∶2～1∶4，石灰粉煤灰与建筑废弃物的比例可以是30∶70～90∶10。本章试验在石灰：粉煤灰＝1∶3的条件下，石灰粉煤灰在混合料中的比例按照10%、20%、30%变化；在石灰：粉煤灰＝1∶2的条件下，石灰粉煤灰在混合料中的比例按照20%、30%变化，设计了五组石灰粉煤灰稳定的建筑废弃物混合料配合比。

4.3.4 水泥、石灰、粉煤灰稳定的建筑废弃物混合料配合比设计

石灰粉煤灰稳定的建筑废弃物混合料早期强度较低，为了提高石灰粉煤灰稳定的建筑废弃物混合料早期强度，可外加少量的水泥。本章试验在石灰粉煤灰掺量为10%的混合料中外加2%、3%的水泥，在石灰粉煤灰掺量为20%的混合料中外加2%的水泥，设计了三组水泥石灰粉煤灰稳定的建筑废弃物混合料配合比。

4.3.5 石灰、矿粉稳定的建筑废弃物混合料配合比设计

本章试验在石灰∶矿粉＝1∶3的条件下，石灰矿粉在混合料中的比例按照10%、20%、30%变化；在石灰∶矿粉＝1∶2的条件下，石灰矿粉在混合料中的比例按照20%、30%变化，设计了五组石灰矿粉稳定的建筑废弃物混合料配合比。

4.3.6 水泥、石灰、矿粉稳定的建筑废弃物混合料配合比设计

本章试验在石灰矿粉掺量为10%的混合料中外加2%、3%的水泥，设计了两组水泥石灰矿粉稳定的建筑废弃物混合料配合比。

按照设计的配合比，将无机结合料稳定的建筑废弃物混合料进行击实试验，绘制含水量－干密度曲线，得出不同配合比混合料的最优含水量和最大

干密度。无机结合料稳定的建筑废弃物混合料击实试验结果如表 4.6 所示：

表 4.6　无机结合料稳定的建筑废弃物路基混合料击实试验结果

试样编号	稳定类型	水泥：石灰：粉煤灰：矿粉：粗料：细料	最大干密度（g/cm^3）	最优含水量（%）
A1	水泥稳定建筑废弃物	3∶/∶/∶/∶50∶50	1.978	9.1
A2		4∶/∶/∶/∶50∶50	1.975	9.1
A3		5∶/∶/∶/∶50∶50	1.967	9.2
B1	水泥粉煤灰稳定建筑废弃物	4∶/∶8∶/∶44∶44	1.941	9.6
B2		4∶/∶12∶/∶42∶42	1.922	9.8
B3		5∶/∶10∶/∶42.5∶42.5	1.927	9.8
B4		5∶/∶15∶/∶40∶40	1.898	10.1
C1	石灰粉煤灰稳定建筑废弃物	/∶2.5∶7.5∶/∶45∶45	1.946	9.6
C2		/∶6.5∶13.5∶/∶40∶40	1.907	10.4
C3		/∶5∶15∶/∶40∶40	1.901	10.3
C4		/∶10∶20∶/∶35∶35	1.851	11.1
C5		/∶7.5∶22.5∶/∶35∶35	1.844	11.1
D1	水泥石灰粉煤灰稳定建筑废弃物	3∶2.5∶7.5∶/∶45∶45	1.940	9.8
D2		2∶2.5∶7.5∶/∶45∶45	1.940	9.7
D3		2∶5∶15∶/∶40∶40	1.898	10.4
E1	石灰矿粉稳定建筑废弃物	/∶2.5∶/∶7.5∶45∶45	1.937	9.8
E2		/∶6.5∶/∶13.5∶40∶40	1.882	10.6
E3		/∶5∶/∶15∶40∶40	1.879	10.6
E4		/∶10∶/∶20∶35∶35	1.815	11.6
E5		/∶7.5∶/∶22.5∶35∶35	1.811	11.5
F1	水泥石灰矿粉稳定建筑废弃物	3∶2.5∶/∶7.5∶45∶45	1.930	9.9
F2		2∶2.5∶/∶7.5∶45∶45	1.930	9.8

4.4　无机结合料稳定的建筑废弃物路基混合料的无侧限抗压强度性能

道路路基必须能承受路基材料本身的自重及上部路面结构的重力，同时还必须承受从路面结构传递下来的车辆行驶荷载，因此路基是道路的重要承载部分。道路路基作为上部路面结构的承载基础，必须具备足够的强度、刚度以及稳定性。

4.4.1 抗压强度试件的制备及试验方法

将无机结合料稳定的建筑废弃物路基混合料按照击实试验测得的最优含水量进行拌和，把拌和均匀的混合料装入塑料袋内闷料 24 个小时，无机结合料中的石灰、粉煤灰、矿粉可以和试料一起拌匀，注意水泥在成型前再加入。参照《公路工程无机结合料稳定材料试验规程》（JTG E51－2009）规定，在室内用静压法制备直径×高＝100mm×100mm，密实度为 98% 的中型圆柱体试件，试件成型后置于温度为 20±2℃，相对湿度在 90% 以上的恒温恒湿养护室中进行养生，养生龄期分别为 7 天、28 天、90 天，在养生龄期到达的前 1 天将试件在水中浸泡 24 小时，浸泡过后质量损失超过标准的试件予以作废处理。

试验步骤：

1. 经过养生以后，从水中取出已浸泡 24 小时的试件，用拧干的湿毛巾将试件表面的可见自由水吸去，并称取浸泡 24 小时后试件的质量。

2. 用游标卡尺测量养生后试件的高度。

3. 将试件大致放到压力机的中心位置上，启动压力机，对试件进行抗压试验。在试验过程之中，使试件的形变保持相等速度的增加，并保持压力机的速率为 1mm/min。记录试件在受压破坏时的最大压力 P（N）。

4. 将试验完的试件敲碎，从敲碎的试样中取有代表性的样品，并测定该样品的含水量。

抗压强度 R_c 按下式计算：

$$R_c = P/A \quad (4-5)$$

式中：P——试件受压破坏时的最大压力（N）；

A——试件的截面面积（mm）（$A=\pi r^2$，r 为试件半径，单位为 mm）。

《公路工程无机结合料稳定材料试验规程》（JTG E51－2009）规定，无侧限抗压强度的试验结果精密度或允许误差如下：对于中试件，其偏差系数 C_V（%）为 15%。如试验结果的偏差系数大于规定的值，则应重做试验，并找出原因，加以解决。如不能降低偏差系数，则应增加试件数量。

图4.4　无侧限抗压强度测试仪

a）制备试件　　b）试验前

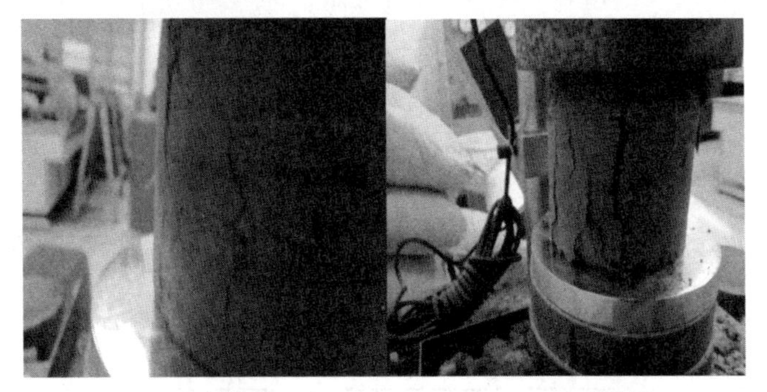

a）试验中　　b）试验后

图4.5　无侧限抗压强度试验

4.4.2　抗压强度试验结果及分析

通过无侧限抗压强度试验，测得水泥、石灰、粉煤灰、矿粉和建筑废弃物在不同配合比情况下，混合料各个龄期的抗压强度结果如表 4.7 所示。

表 4.7 无机结合料稳定的建筑废弃物路基混合料抗压强度试验结果

试样编号	稳定类型	水泥: 石灰: 粉煤灰: 矿粉: 粗料: 细料	各龄期无侧限抗压强度（MPa）		
			7d	28d	90d
A1	水泥稳定建筑废弃物	3: /: /: /: 50: 50	0.41	0.64	0.76
A2		4: /: /: /: 50: 50	0.58	0.68	0.79
A3		5: /: /: /: 50: 50	0.70	0.77	0.85
B1	水泥粉煤灰稳定的建筑废弃物	4: /: 8: /: 44: 44	1.10	1.69	1.88
B2		4: /: 12: /: 42: 42	0.94	1.10	1.33
B3		5: /: 10: /: 42.5: 42.5	1.29	1.96	2.91
B4		5: /: 15: /: 40: 40	1.08	1.76	2.69
C1	石灰粉煤灰稳定的建筑废弃物	/: 2.5: 7.5: /: 45: 45	0.27	0.41	0.53
C2		/: 6.5: 13.5: /: 40: 40	0.34	0.52	1.20
C3		/: 5: 15: /: 40: 40	0.34	0.51	0.72
C4		/: 10: 20: /: 35: 35	0.39	1.04	1.97
C5		/: 7.5: 22.5: /: 35: 35	0.34	0.54	0.90
D1	水泥石灰粉煤灰稳定的建筑废弃物	3: 2.5: 7.5: /: 45: 45	0.67	1.11	1.32
D2		2: 2.5: 7.5: /: 45: 45	0.54	0.87	1.01
D3		2: 5: 15: /: 40: 40	0.61	0.92	1.09
E1	石灰矿粉稳定的建筑废弃物	/: 2.5: /: 7.5: 45: 45	0.90	1.37	1.65
E2		/: 6.5: /: 13.5: 40: 40	2.37	3.21	3.98
E3		/: 5: /: 15: 40: 40	1.85	2.39	3.31
E4		/: 10: /: 20: 35: 35	2.75	4.27	5.23
E5		/: 7.5: /: 22.5: 35: 35	2.66	3.38	4.49
F1	水泥石灰矿粉稳定的建筑废弃物	3: 2.5: /: 7.5: 45: 45	1.43	2.31	2.73
F2		2: 2.5: /: 7.5: 45: 45	1.40	1,67	1.80

4.4.2.1 水泥稳定的建筑废弃物路基混合料抗压强度

根据表 4.7 的试验结果，绘制水泥稳定的建筑废弃物路基混合料各龄期的无侧限抗压强度变化曲线，如图 4.6 所示：

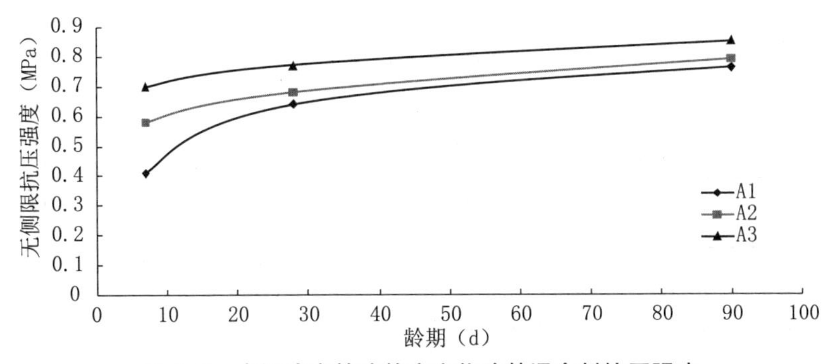

图 4.6　水泥稳定的建筑废弃物路基混合料抗压强度

由图 4.6 中可知，水泥稳定的建筑废弃物路基混合料各个龄期的无侧限抗压强度变化顺序为：A1 < A2 < A3，说明水泥稳定的建筑废弃物路基混合料中水泥掺量按 3%、4%、5% 变化时，随着水泥掺量的增加，混合料各个龄期的无侧限抗压强度逐渐增强。并且，随着龄期的加长，不同水泥掺量的混合料的无侧限抗压强度逐渐增大。水泥掺量为 3% 时，R28/R7 = 1.56，R90/R28 = 1.19，说明水泥掺量为 3% 的混合料早期强度增长得较快，后期强度发展较缓慢。水泥稳定的建筑废弃物路基混合料的整体强度都较高，满足道路路基对材料的要求。

水泥稳定的建筑废弃物路基混合料中水泥掺量按 3%、4%、5% 变化，由于水泥的掺量较少，因此水泥的凝结速度也进行得比较缓慢。水泥中的矿物成分与水发生强烈的水解和水化反应，进而形成氢氧化钙与其他水化物。形成的各种水化物继续硬化形成骨架结构，从而产生强度。

4.4.2.2　水泥粉煤灰稳定的建筑废弃物路基混合料抗压强度

根据表 4.7 的试验结果，绘制水泥粉煤灰稳定的建筑废弃物路基混合料各龄期的无侧限抗压强度变化曲线，如图 4.7 所示。

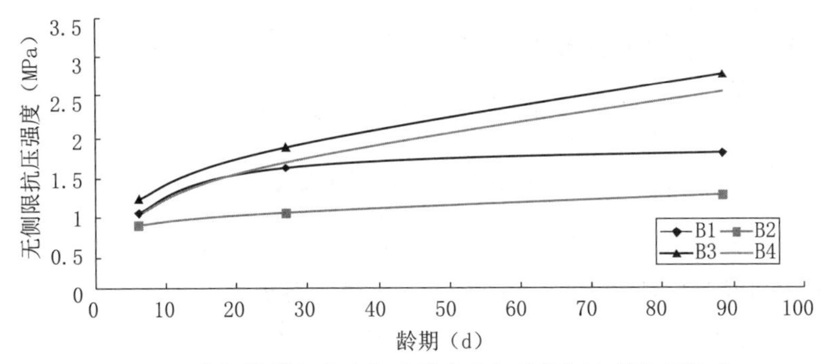

图 4.7　水泥粉煤灰稳定的建筑废弃物路基混合料抗压强度

由图4.7中可知，B1各龄期的无侧限抗压强度大于B2，B3各龄期的无侧限抗压强度大部分大于B4，说明水泥粉煤灰稳定的建筑废弃物路基混合料中水泥掺量为4%或者5%的时候，水泥和粉煤灰比例为1:2的混合料各个龄期的强度基本上比水泥和粉煤灰比例为1:3的混合料大。B1各龄期的无侧限抗压强度大部分小于B3，B2各龄期的无侧限抗压强度小于B4，说明水泥和粉煤灰比例为1:2或者1:3的时候，水泥掺量为4%的混合料各个龄期的强度基本上比水泥掺量为5%的混合料小。比较图4.6、图4.7可知，水泥粉煤灰稳定的建筑废弃物路基混合料的强度比单独用水泥稳定的建筑废弃物路基混合料的强度有所提高。

粉煤灰颗粒完整，质地密实，能起到减水作用、密实作用，能明显改善混合料的结构形态，从而有效地提高混合料的强度。粉煤灰是人工火山灰质材料，能够发生火山灰反应。水泥中的矿物成分与水发生强烈的水解和水化反应，进而形成氢氧化钙与其他水化物。粉煤灰中含有大量的活性SiO_2和Al_2O_3，与氢氧化钙在潮湿的环境中发生化学反应，生成胶凝状的水化硅酸钙和水化铝酸钙，增大了混合料的强度。与水泥粉煤灰比例为1:2的混合料相比较，水泥粉煤灰比例为1:3时，由于粉煤灰掺量的增加，增大了混合料的比表面积，导致混合料中没有足够的水泥来包裹固体颗粒，从而使混合料的强度有所下降。

4.4.2.3 石灰粉煤灰稳定的建筑废弃物路基混合料抗压强度

根据表4.7的试验结果，绘制石灰粉煤灰稳定的建筑废弃物路基混合料各龄期的无侧限抗压强度变化曲线，如图4.8所示：

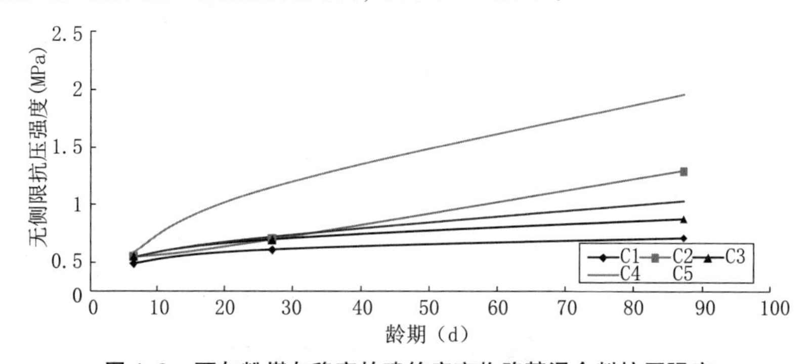

图4.8 石灰粉煤灰稳定的建筑废弃物路基混合料抗压强度

由图4.8可知，石灰粉煤灰稳定的建筑废弃物路基混合料各个龄期的无侧限抗压强度变化顺序为：C1 < C3 < C5，说明石灰粉煤灰稳定的建筑废弃物路基混合料在石灰:粉煤灰=1:3的条件下，石灰粉煤灰掺量按照10%、20%、30%变化时，混合料各个龄期的无侧限抗压强度随着石灰粉煤灰掺量

的增加而逐渐增大。C2 < C4，说明石灰粉煤灰稳定的建筑废弃物路基混合料在石灰: 粉煤灰 = 1: 2 的条件下，石灰粉煤灰掺量按照 20%、30% 变化时，混合料各个龄期的无侧限抗压强度也是随着石灰粉煤灰掺量的增加而逐渐增大。C2 > C3，C4 > C5，说明石灰粉煤灰稳定的建筑废弃物路基混合料中石灰粉煤灰掺量相同时，石灰: 粉煤灰 = 1: 2 的混合料各个龄期的无侧限抗压强度比石灰: 粉煤灰 = 1: 3 的混合料大。随着龄期的增长，不同配合比的石灰粉煤灰稳定的建筑废弃物路基混合料的无侧限抗压强度均逐渐增大。比较图 4.6、图 4.8 可知，按照文中设计的试验配合比，石灰粉煤灰稳定的建筑废弃物路基混合料的早期强度比水泥稳定的建筑废弃物路基混合料的强度低，后期强度基本上比水泥稳定的建筑废弃物路基混合料的强度高，说明石灰粉煤灰在后期反应较快，使混合料的强度提高较明显。石灰粉煤灰稳定的建筑废弃物路基混合料均能够满足道路路基对材料的要求。

石灰中活性氧化钙和氧化镁的含量高，在水的作用下发生水解反应，生成氢氧化钙和氢氧化镁碱性物。氢氧化钙和氢氧化镁与空气中的二氧化碳发生碳化反应，生成碳酸钙和碳酸镁晶体，使混合料的结构逐步密实，将混合料连接形成一个整体，促使了混合物强度的增强。同时，粉煤灰中的活性 SiO_2 和 Al_2O_3，与氢氧化钙发生火山灰反应，生成含水的硅酸钙和铝酸钙。水化硅酸钙和水化铝酸钙形成胶凝结构，大大提高了混合料的强度。

4.4.2.4　水泥石灰粉煤灰稳定的建筑废弃物路基混合料抗压强度

根据表 4.7 的试验结果，绘制水泥石灰粉煤灰稳定的建筑废弃物路基混合料各龄期的无侧限抗压强度变化曲线，如图 4.9 所示。

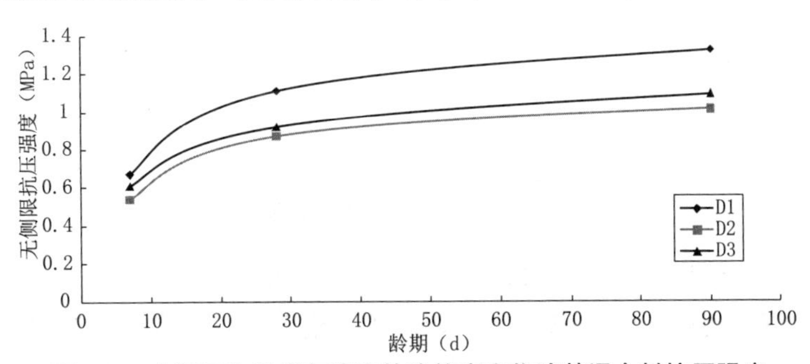

图 4.9　水泥石灰粉煤灰稳定的建筑废弃物路基混合料抗压强度

由图 4.9 可知，水泥石灰粉煤灰稳定的建筑废弃物路基混合料各个龄期的无侧限抗压强度变化顺序为：D2 < D3，说明水泥石灰粉煤灰稳定的建筑废弃物路基混合料在同加 2% 的水泥时，石灰粉煤灰掺量为 10% 的混合料的无侧限抗压强度较掺量为 20% 的混合料小。D1 > D2，说明水泥石灰粉煤灰稳定的建筑废弃物路基混合料在石灰粉煤灰掺量同为10%时，外加3%的水泥的混合料的无侧限抗压强度比外加2%的水泥的混合料大。由此可知，增加水泥、石灰粉煤灰的掺量均能有效地提高混合料的无侧限抗压强度。D1 > D3，可见石灰粉煤灰掺量为10%、外加3%的水泥的混合料的无侧限抗压强度比石灰粉煤灰掺量为20%、外加2%水泥的混合料大，说明水泥对提高混合料强度的作用比石灰粉煤灰大。比较图4.6、图4.9可知，在水泥掺量相同时，水泥石灰粉煤灰稳定的建筑废弃物路基混合料的强度比水泥稳定的建筑废弃物路基混合料的强度高。

石灰水解反应生成的氢氧化钙和氢氧化镁，与空气中的二氧化碳发生碳化反应生成碳酸钙和碳酸镁的速度比较缓慢。水泥中的矿物成分与水发生强烈的水解和水化反应生成氢氧化钙与其他水化物，生成的水化物进一步硬化形成骨架结构，生成的氢氧化物能够加快粉煤灰发生火山灰反应的速度，生成更多的水化硅酸钙和水化铝酸钙，有效地提高了混合料的早期强度。

4.4.2.5 石灰矿粉稳定的建筑废弃物路基混合料抗压强度

根据表4.7的试验结果，绘制石灰矿粉稳定的建筑废弃物路基混合料各龄期的无侧限抗压强度变化曲线，如图4.10所示。

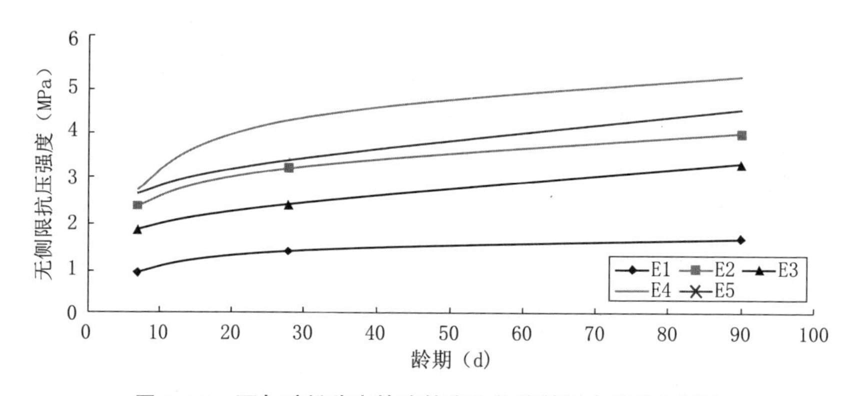

图4.10 石灰矿粉稳定的建筑废弃物路基混合料抗压强度

由图4.10可知，石灰矿粉稳定的建筑废弃物路基混合料各个龄期的无侧限抗压强度变化顺序为：E1 < E3 < E5，说明石灰矿粉稳定的建筑废弃物混合料在石灰:矿粉 = 1:3的条件下，混合料各个龄期的无侧限抗压强度随着石灰矿粉掺量的增加而增大。E2 < E4，说明石灰矿粉稳定的建筑废弃物路基混合料在石灰:矿粉 = 1:2的条件下，混合料各个龄期的无侧限抗压强度也是随着石灰矿粉掺量的增加而增大。E2 > E3以及E4 > E5，说明石灰矿粉稳定的建筑废弃物路基混合料在石灰矿粉掺量不变的情况下，石灰:矿粉 = 1:2的混合料各个龄期的无侧限抗压强度比石灰: 矿粉 =1∶3 的混合料大。比较图 4.6、图 4.10 可知，石灰矿粉稳定的建筑废弃物路基混合料的强度比水泥稳定的建筑废弃物路基混合料的强度高。

矿粉颗粒填充在混合料颗粒之间的间隙中，使混合料具有良好的级配，形成一种密实的结构。石灰中活性氧化钙和氧化镁发生水解反应，生成氢氧化钙和氢氧化镁。矿粉也能与氢氧化钙发生火山灰效应，生成的水化产物进一步地填充了混合物中的孔隙，使混合物的强度得到提高。氢氧化钙和氢氧化镁发生碳化反应，生成的碳酸钙和碳酸镁晶体能使混合料的结构逐步密实，有利于增强混合物的强度。

4.4.2.6　水泥石灰矿粉稳定的建筑废弃物路基混合料抗压强度

根据表 4.7 的试验结果，绘制水泥石灰矿粉稳定的建筑废弃物路基混合料各龄期的无侧限抗压强度变化曲线，如图 4.11 所示。

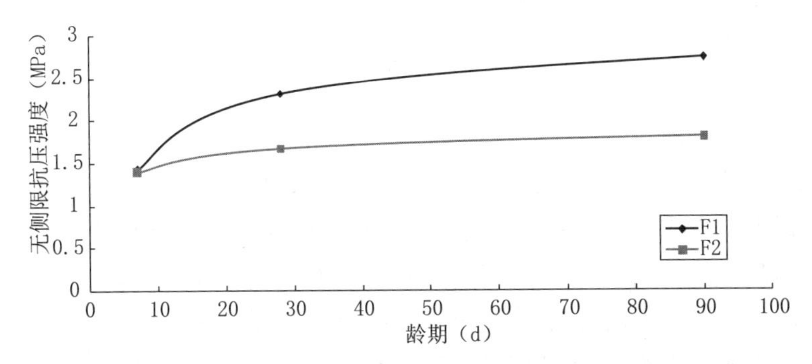

图 4.11　水泥石灰矿粉稳定的建筑废弃物路基混合料抗压强度

由图 4.11 可知，F1 各龄期的无侧限抗压强度大于 F2，可见水泥石灰矿粉稳定的建筑废弃物路基混合料在石灰矿粉掺量同为 10% 的时候，外加 3% 的水泥的混合料的无侧限抗压强度比外加 2% 的水泥的混合料大，说明在石灰矿粉掺量不变的时候，随着水泥掺量的增加，混合料的无侧限抗压强度也逐渐增大。

石灰的水解反应、碳化反应，以及矿粉的火山灰效应，都有助于提高混合料的强度。水泥的水解和水化反应，还能有效地提高混合料的早期强度。并且，矿粉能加快水泥的水化反应进程，还能提供充足的空间给水化产物，使混合料的结构更加密实，从而增强混合料的强度。

4.4.2.7　水泥、石灰粉煤灰稳定的建筑废弃物路基混合料抗压强度对比分析

根据表 4.7 的试验结果，绘制水泥、石灰粉煤灰稳定的建筑废弃物路基混合料各龄期的无侧限抗压强度变化曲线，如图 4.12 所示。

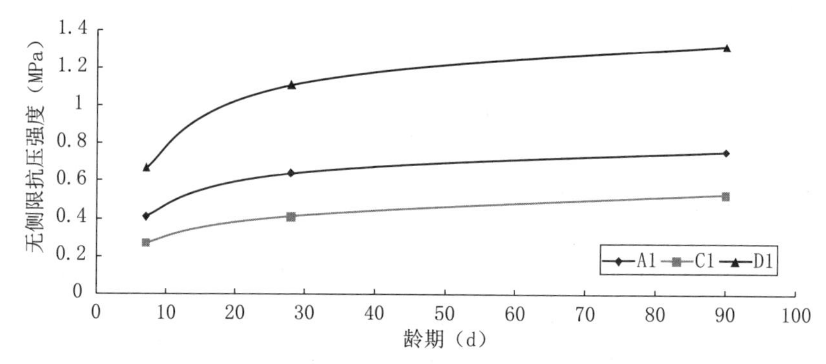

图 4.12　水泥、石灰粉煤灰稳定的建筑废弃物路基混合料抗压强度

由图 4.12 可知，A1 各个龄期的无侧限抗压强度比 D1 的小，可见同样外加 3% 的水泥的时候，再掺入 10% 的石灰粉煤灰对混合料的强度有所提高。C1 各个龄期的无侧限抗压强度比 D1 的小，可见石灰粉煤灰掺量同为 10% 的时候，外加 3% 的水泥对混合料的强度有所提高。A1 各个龄期的无侧限抗压强度比 C1 的大，可见外加 3% 的水泥比掺入 10% 的石灰粉煤灰对混合料强度的提高效果更显著，说明水泥对提高混合料强度的作用比石灰粉煤灰大。

4.4.2.8　水泥、石灰矿粉稳定的建筑废弃物路基混合料抗压强度对比分析

根据表 4.7 的试验结果，绘制水泥、石灰矿粉稳定的建筑废弃物混合料各龄期的无侧限抗压强度变化曲线，如图 4.13 所示。由图 4.13 可知，A1 各个龄期的无侧限抗压强度比 F1 的小得多，可见同样外加 3% 的水泥的时候，再掺入 10% 的石灰矿粉对混合料的强度有显著的提高。E1 各个龄期的无侧限抗压强度比 F1 的小，可见石灰矿粉掺量同为 10% 的时候，外加 3% 的水泥对混合料的强度有所提高。A1 各个龄期的无侧限抗压强度比 E1 的小，说明掺入 10% 的石灰矿粉比外加 3% 的水泥对混合料强度的提高效果更显著。

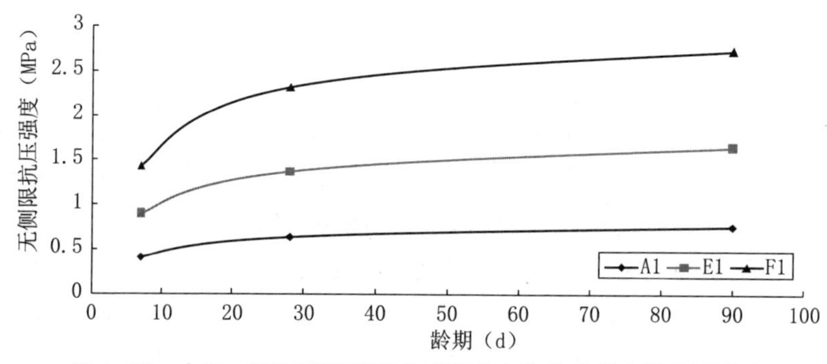

图 4.13　水泥、石灰矿粉稳定的建筑废弃物路基混合料抗压强度

4.4.2.9　石灰粉煤灰、石灰矿粉稳定的建筑废弃物路基混合料抗压强度对比分析

根据表 4.7 的试验结果，绘制石灰粉煤灰、石灰矿粉稳定的建筑废弃物路基混合料各龄期的无侧限抗压强度变化曲线，如图 4.14 所示。

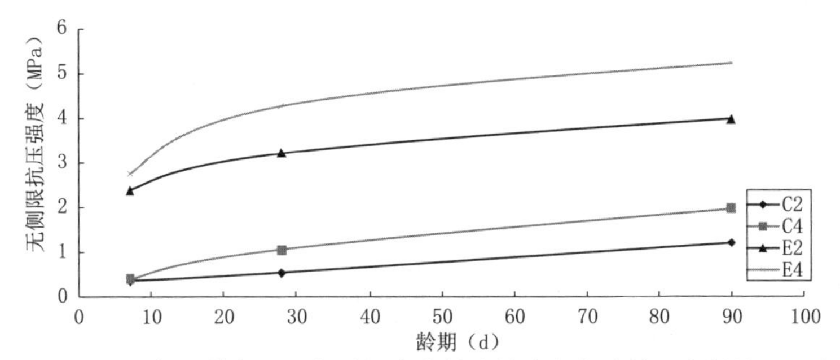

图 4.14　石灰粉煤灰、石灰矿粉稳定的建筑废弃物路基混合料抗压强度

由图 4.14 可知，C2 各个龄期的无侧限抗压强度远小于 E2，C4 各个龄期的无侧限抗压强度远小于 E4，可见石灰∶粉煤灰（矿粉）＝1∶2 的时候，掺量为 10%（20%）的石灰矿粉对混合料强度提高的效果远比石灰粉煤灰的要大。说明石灰矿粉对提高混合料强度的作用比石灰粉煤灰大。

4.5　无机结合料稳定的建筑废弃物路基混合料的水稳性性能

4.5.1　无机结合料稳定的建筑废弃物路基混合料的水稳性

南方雨水较多，尤其是夏季，雨水可以通过道路结构层渗透到路基中，也可以从路肩及其与路面的交界处渗透到道路路基中。在道路施工中，为了防止路面材料的热胀冷缩造成路面的破坏，通常会在路面留有伸缩缝，这些伸缩缝直接成为了雨水进入路基的通道。此外，道路由于材料的收缩而产生裂缝，车辆的行驶造成路面的破损，雨水可以沿着路面的裂缝或者破损部分进入路基中。在地下水位高的地区，地下水通过毛细作用可以进入路基中。上述多种因素可能导致道路路基含水量增大，并且路面会阻碍路基中水分的蒸发，尤其是沥青混凝土道路，导致路基较长时间处于潮湿状态。路基中含水量的增大会引起路基强度的变化，影响道路的使用性能。本节通过无机结合料稳定的建筑废弃物路基混合料的水稳性试验，研究路基填料在含水量增大的情况下，材料的强度变化情况，分析无机结合料稳定的建筑废弃物路基

混合料的水稳性。

4.5.2 水稳性试件的制备及试验方法

本节对水泥稳定的建筑废弃物路基混合料 A1、A2、A3，石灰粉煤灰稳定的建筑废弃物路基混合料 C1、C3、C5，水泥石灰粉煤灰稳定的建筑废弃物路基混合料 D1、D2、D3，石灰矿粉稳定的建筑废弃物路基混合料 E1、E3、E5，进行水稳性研究。

水稳性试件的制备与无侧限抗压强度试件的制备方法相同，将无机结合料稳定的建筑废弃物路基混合料按照击实试验测得的最优含水量进行拌和，把拌和均匀的混合料装入塑料袋内闷料 24 个小时，无机结合料中的石灰、粉煤灰、矿粉可以和试料一起拌匀，注意水泥在成型前再加入。参照《公路工程无机结合料稳定材料试验规程》（JTG E51－2009）规定，在室内用静压法制备直径×高＝100mm×100mm，密实度为 98% 的中型圆柱体试件。

常规养生是在养生龄期到达的前 1 天将试件在水中浸泡 24 小时，水分很难在 24 小时内完全进入试件的内部。但是现实中的道路基层较长时间处于潮湿状态，一昼夜的浸泡很难模拟道路路基实际的水分状态。本节采用水稳系数来反映无机结合料稳定的建筑废弃物路基混合料的水稳性。

$$\text{水稳系数} = \frac{\text{水养生时的无侧限抗压强度}}{\text{常规养生时的无侧限抗压强度}}$$

水养生试件在温度为 20±2℃，相对湿度在 90% 以上的恒温恒湿养护室中养生 48 小时后，试件形成了一定的初期强度后，将试件放入水中进行养生，养生温度为 20±2℃，养生龄期分别为 7 天、28 天和 90 天。将试件放入水中之后，试件的含水量会逐渐增大直到饱和，在饱和水状态下试件的强度随着龄期的增长而不断增大。

水养生完成以后，从水中取出试件，用拧干的湿毛巾将试件表面的可见自由水吸去，按照实验步骤进行无侧限抗压强度试验。将常规养生后试件的抗压强度和水养生后试件的抗压强度进行对比，研究路基填料在含水量增大的情况下，材料的强度变化情况，分析无机结合料稳定的建筑废弃物路基混合料的水稳性。

4.5.3 水稳性试验结果及分析

无机结合料稳定的建筑废弃物路基混合料的水稳性试验结果见表 4.8、表 4.9。

表 4.8　水泥、石灰、粉煤灰稳定的建筑废弃物路基混合料水稳性试验结果

龄期及养生方法	水泥稳定的建筑废弃物			石灰、粉煤灰稳定的建筑废弃物		
	A1	A2	A3	C1	C3	C5
7d 水养强度（MPa）	0.65	0.98	1.25	0.23	0.31	0.32
7d 常规强度（MPa）	0.41	0.58	0.7	0.27	0.34	0.34
水稳系数（%）	158.5	137.9	178.6	85.2	91.2	94.1
28d 水养强度（MPa）	1.13	1.23	1.41	0.32	0.50	0.5
28d 常规强度（MPa）	0.64	0.68	0.77	0.41	0.51	0.54
水稳系数（%）	181.3	180.9	183.1	78.0	98.0	92.6
90d 水养强度（MPa）	1.34	1.43	1.57	0.42	0.67	0.84
90d 常规强度（MPa）	0.76	0.79	0.85	0.53	0.72	0.9
水稳系数（%）	176.3	205.1	184.7	79.2	93.1	93.3

表 4.9　水泥石灰粉煤灰、石灰矿粉稳定的建筑废弃物路基混合料水稳性试验结果

龄期及养生方法	水泥石灰粉煤灰稳定的建筑废弃物			石灰矿粉稳定的建筑废弃物		
	D1	D2	D3	E1	E3	E5
7d 水养强度（MPa）	0.95	0.72	0.91	0.87	1.80	2.6
7d 常规强度（MPa）	0.67	0.54	0.61	0.90	1.85	2.66
水稳系数（%）	141.8	163.0	149.2	96.7	97.3	97.7
28d 水养强度（MPa）	1.80	1.11	1.50	1.32	2.13	3.32
28d 常规强度（MPa）	1.11	0.87	0.92	1.37	2.39	3.38
水稳系数（%）	162.2	127.6	163.0	96.4	89.1	98.2
90d 水养强度（MPa）	2.21	1.30	1.77	1.59	3.18	4.42
90d 常规强度（MPa）	1.32	1.01	1.09	1.65	3.31	4.49
水稳系数（%）	167.4	128.7	162.4	96.4	96.1	98.4

4.5.3.1　水泥稳定的建筑废弃物路基混合料水稳性

根据表 4.8 的试验结果，绘制水泥稳定的建筑废弃物路基混合料各龄期的水稳性变化曲线，如图 4.15 所示。

由图 4.15 可知，A1、A2、A3 的水稳系数均大于 100，且大部分大于 150，说明 A1、A2、A3 在水养条件下的无侧限抗压强度比常规养护条件下有了显著的提高，水泥稳定的建筑废弃物路基混合料的水稳性良好。由于水泥

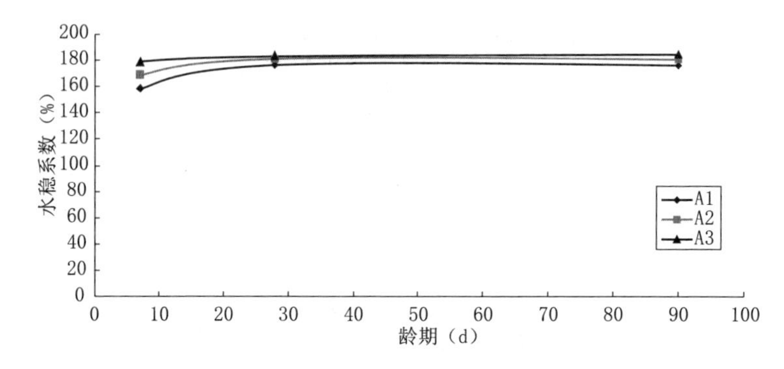

图 4.15　水泥稳定的建筑废弃物路基混合料水稳性

稳定的建筑废弃物路基混合料在水中可以加快水泥中的矿物成分与水发生水解和水化反应，从而生成更多的氢氧化钙与其他水化物。生成的大量水化物连接形成了更加牢固的骨架结构，提高了混合料的强度，使得水泥稳定的建筑废弃物路基混合料的水稳性表现良好。

4.5.3.2　石灰粉煤灰稳定的建筑废弃物路基混合料水稳性

根据表 4.8 的试验结果，绘制石灰粉煤灰稳定的建筑废弃物路基混合料各龄期的水稳性变化曲线，如图 4.16 所示：

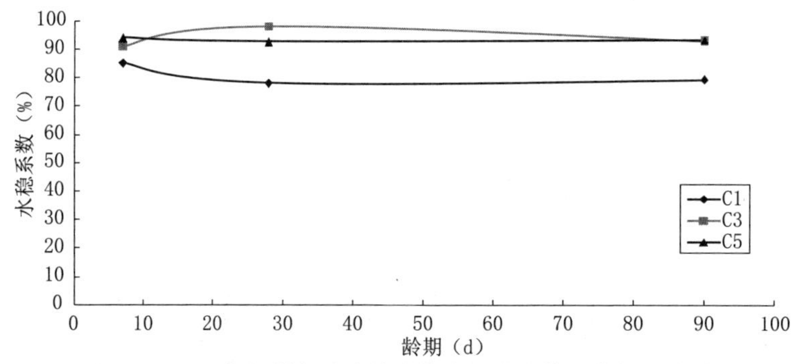

图 4.16　石灰粉煤灰稳定的建筑废弃物路基混合料水稳性

由图 4.16 可知，C1、C3、C5 的水稳定系数均小于 100，说明 C1、C3、C5 在水养条件下的无侧限抗压强度比常规养护条件下有所下降，石灰粉煤灰稳定的建筑废弃物路基混合料水稳性相对较差。石灰发生水解反应，生成碱性的氢氧化钙和氢氧化镁，为粉煤灰发生火山灰反应提高碱性环境，进而粉煤灰与氢氧化钙反应生成硅酸钙和铝酸钙，从而提高混合料的强度。然而，在水养的时候，周围的水大大降低了碱性浓度，使得反应变缓慢，从而使得石灰粉煤灰稳定的建筑废弃物路基混合料的强度在水养条件下较常规养护条件下有所下降，表现出水稳性差。C1 的水稳定系数比 C3 的小，可见掺入

10% 的石灰粉煤灰的混合料比掺入 20% 石灰粉煤灰的混合料水稳性更差。由于 C1 中石灰粉煤灰的掺量少，生产的碱性氢氧化钙和氢氧化镁也更少，碱性环境也更容易被改变。

4.5.3.3　水泥石灰粉煤灰稳定的建筑废弃物路基混合料水稳性

根据表 4.9 的试验结果，绘制水泥石灰粉煤灰稳定的建筑废弃物路基混合料各龄期的水稳性变化曲线，如图 4.17 所示。

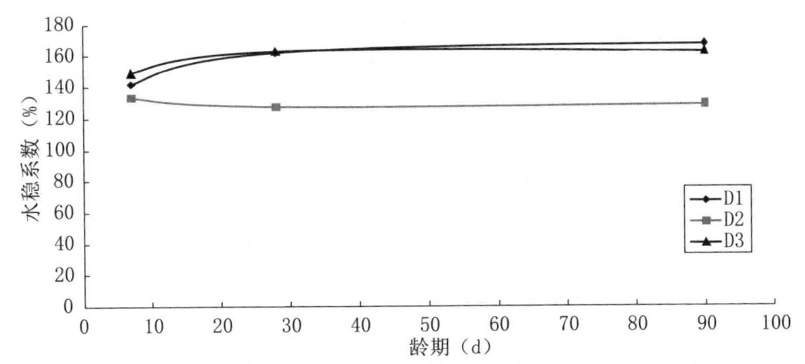

图 4.17　水泥石灰粉煤灰稳定的建筑废弃物路基混合料水稳性

由图 4.17 可知，D1、D2、D3 的水稳定系数均大于 100，说明 D1、D2、D3 在水养条件下的无侧限抗压强度比常规养护条件下有所提高，水泥石灰粉煤灰稳定的建筑废弃物路基混合料水稳性较好。由于水养的时候加快了水泥中的水解和水化反应，生成了更多的氢氧化钙与其他水化物。一方面，生成的水化物连成骨架，增强了混合料的强度；另一方面，生成的氢氧化钙增强了碱性环境，还可以与粉煤灰发生火山灰反应，生成硅酸钙和铝酸钙，提高了混合料的强度，促使水泥石灰粉煤灰的稳定建筑废弃物路基混合料在水养条件下强度提高，水稳性较好。

4.5.3.4　石灰矿粉稳定的建筑废弃物路基混合料水稳性

根据表 4.9 的试验结果，绘制石灰矿粉稳定的建筑废弃物路基混合料各龄期的水稳性变化曲线，如图 4.18 所示。由图 4.18 可知，E1、E3、E5 的水稳定系数略小于 100，说明 E1、E3、E5 在水养条件下的无侧限抗压强度比常规养护条件下略有下降，石灰矿粉稳定的建筑废弃物路基混合料的水稳性较差。由于水养的时候，降低了碱性的浓度，使矿粉的火山灰反应变缓，降低了石灰矿粉稳定的建筑废弃物路基混合料的强度，水稳性较差。

4.5.3.5　水泥、石灰粉煤灰稳定的建筑废弃物路基混合料水稳性对比分析

根据表 4.8、表 4.9 的试验结果，绘制水泥、石灰粉煤灰稳定的建筑废弃物路基混合料各龄期的水稳性变化曲线，如图 4.19 所示。

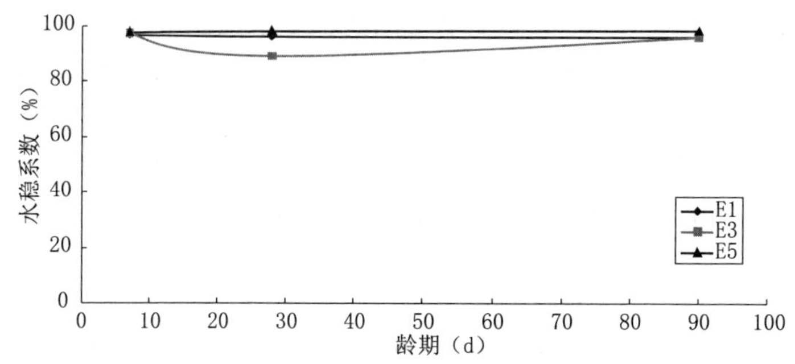

图 4.18　石灰矿粉稳定的建筑废弃物路基混合料水稳性

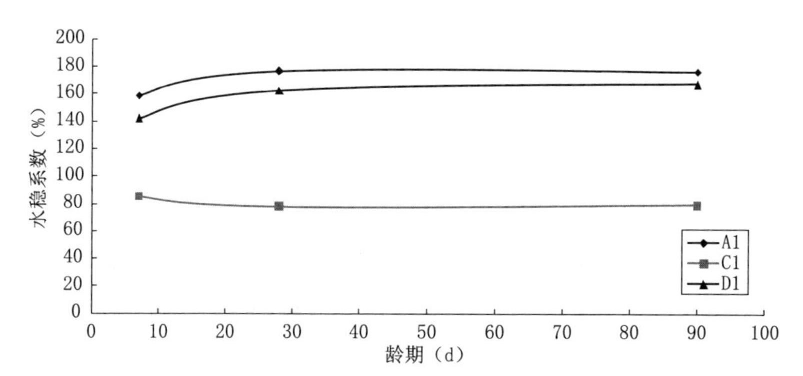

图 4.19　水泥、石灰粉煤灰稳定的建筑废弃物路基混合料水稳性

由图 4.19 可知，A1、D1 的水稳系数大于 100，C1 的水稳系数小于 100，说明 A1、D1 的水稳定性较好，C1 的水稳定性较差。水养时，掺入 3% 的水泥的稳定建筑废弃物路基混合料、掺入 3% 的水泥和 10% 的石灰粉煤灰的稳定建筑废弃物路基混合料的强度有所提高，掺入 10% 的石灰粉煤灰稳定的建筑废弃物路基混合料的强度有所降低。D1 的水稳系数小于 A1，可见石灰粉煤灰表现出水稳性差，掺入石灰粉煤灰会使混合料的水稳系数有所下降。C1 的水稳系数小于 D1，可见掺入水泥后水稳性良好，掺入水泥有助于混合料水稳系数的提高。

4.5.3.6　石灰粉煤灰、石灰矿粉稳定的建筑废弃物路基混合料水稳性对比分析

根据表 4.8、表 4.9 的试验结果，绘制石灰粉煤灰、石灰矿粉稳定的建筑废弃物路基混合料各龄期的水稳性变化曲线，如图 4.20 所示。

由图 4.20 可知，C1、C3、E1、E3 的水稳系数均小于 100，可见水养时，对 C1、C3、E1、E3 的强度都有所降低，石灰粉煤灰、石灰矿粉稳定的建筑废弃物路基混合料的水稳性都相对较差。E1、E3 的水稳系数大部分比 C1、

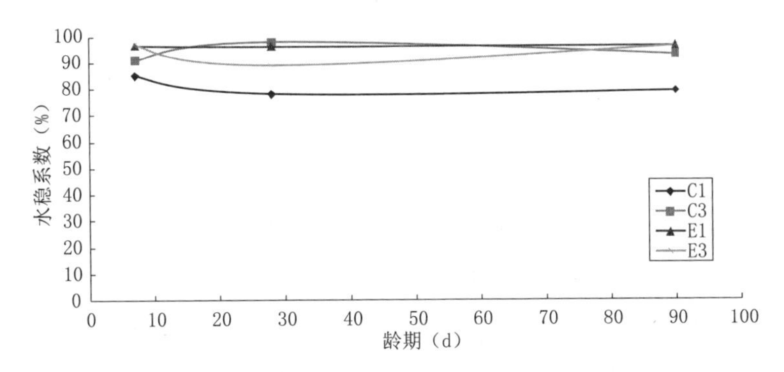

图 4.20　石灰粉煤灰、石灰矿粉稳定的建筑废弃物路基混合料水稳性

C3 大，可见在掺量与比例相同的时候，石灰矿粉稳定的建筑废弃物路基混合料的水稳性比石灰粉煤灰稳定的建筑废弃物路基混合料要好。E1、E3 的大部分水稳系数比 C1、C3 更接近 100，可见水养时，对 E1、E3 强度降低影响较小，对 C1、C3 强度降低影响较大。

4.6　无机结合料稳定的建筑废弃物路基混合料收缩变形性能

用无机结合料稳定的建筑废弃物路基混合料填筑的道路路基与用黏土填筑的道路路基相似，在遇到湿度和温度等周围环境因素发生改变的时候，用来填筑道路路基的混合料会发生一定的收缩变形。混合料发生收缩变形就会使道路产生裂缝，雨水就会沿着裂缝进入路基中，连同路面上行驶车辆的循环荷载作用，最后引起路面结构的破坏。因此，需要对无机结合料稳定的建筑废弃物路基混合料收缩性能进行研究，为实际工程提供理论指导。

4.6.1　无机结合料稳定的建筑废弃物路基混合料收缩机理

干燥收缩是由于无机结合料稳定的建筑废弃物路基混合料含水量变化而引起的混合料体积收缩。干燥收缩的基本原理是因为毛细管张力作用、吸附水与水分子间力作用、矿物晶体或者胶凝体的层间水作用、碳化脱水作用而引起的体积变化。具体表现如下：

1. 毛细管张力作用

毛细管压力 Δp 按式（4－6）进行计算。当水分发生蒸发时，毛细管中的水分随之下降，弯液面的曲率半径逐渐变小，从而使毛细管的压力逐渐增大，因此发生收缩。

$$\Delta p = \frac{2\sigma}{r} \tag{4-6}$$

式中：r——弯液面的曲率半径；

σ——弯液面的表面张力。

2. 吸附水与水分子间力作用

当毛细水被蒸发完后，相对湿度由于自然因素继续变小，混合料中的吸附水也逐步开始蒸发，使得颗粒的表面水膜逐渐变薄，颗粒之间的间距逐渐变小，颗粒之间的分子力逐渐增大，从而进一步加深混合料体积的收缩。由于吸附水与水分子间力作用引起的收缩量比毛细管作用引起的大很多。

3. 矿物晶体或者胶凝体的层间水作用

随着混合料的相对湿度变小程度的逐步深化，混合料中的层间水也逐步开始蒸发，使得晶格之间的间距逐渐变小，从而进一步加深了混合料体积的收缩。

4. 碳化脱水作用

通常 $Ca(OH)_2$在空气中会发生如式（4－7）的化学反应，碳化脱水作用就是指 $Ca(OH)_2$与空气中的 CO_2反应生成 $CaCO_3$并同时析出水分，从而引起混合料体积收缩的过程。

$$Ca(OH)_2 + CO_2 = CaCO_3 \downarrow + H_2O \tag{4-7}$$

4.6.2 收缩试件制备及试验方法

本节对水泥稳定的建筑废弃物路基混合料 A1，石灰粉煤灰稳定的建筑废弃物路基混合料 C1，水泥石灰粉煤灰稳定的建筑废弃物路基混合料 D1，石灰矿粉稳定的建筑废弃物路基混合料 E1，进行收缩变形性能研究。

将无机结合料稳定的建筑废弃物路基混合料按照击实试验测得的最优含水量进行拌和，把拌和均匀的混合料装入塑料袋内闷料 24 个小时，无机结合料中的石灰、粉煤灰、矿粉可以和试料一起拌匀，注意水泥在成型前再加入。参照《公路工程无机结合料稳定材料试验规程》（JTG E51－2009）规定，在室内用静压法制备两组 100mm×100mm×400mm，密实度为 98% 的中型梁式试件，试件成型后放到温度为 20±2℃、相对湿度在 90% 以上的恒温恒湿养护室中进行养生，养生龄期 7 天，在养生龄期到达的前 1 天将试件在水中浸泡 24 小时，浸泡过后质量损失超过标准的试件予以作废处理。在制备的两组中型梁式试件中，取其中一组试件用来测定材料的收缩变形性能，另外一组试件用于测量材料的干缩失水率。

试验步骤：

1. 经过养护处理以后，从水中取出已浸泡 24 小时的试件，用拧干的湿毛巾将试件表面的可见自由水吸去。

2. 取出一组试件，用游标卡尺测量试件的初始长度，应当用游标卡尺重复测量试件 3 次，试件的基准长度取 3 次测量值的算术平均值。并称取浸泡 24 小时后试件的初始质量 m_0 。

3. 取出另一组试件，在试件梁长轴方向的两端上用 502 胶将有机玻璃片固定，使玻璃片能跟随试件梁同步产生收缩变形，防止千分表的针头刺入试件梁内部。在固定好玻璃片以后，在试件梁粘有玻璃片的两端分别固定一个千分表，使千分表针头轻轻触碰到试件梁端有机玻璃的表面，并且将千分表读数调整到大数位置，记录千分表的初始读数。

4. 开始试件梁的收缩变形试验，对试件梁每天读数一次，称量第一组试件梁本次的质量 m_i ，记录另一组试件梁的每一个千分表本次的读数 $X_{i,j}$ 。收缩变形试验中，千分表的灵敏度很高，在实验过程中很容易受到周围环境的影响。因此，在每次读取千分表数据的时候，注意一定不要触碰试验台和千分表，也不要引起试件梁周边的震动。

5. 在收缩变形试验观测结束以后，将第一组试件梁放入 110℃ 的烘箱中烘干至恒重，称取烘干质量 m_p 。

混合料的收缩变形特性主要通过总干缩系数、干缩量、干缩应变、失水率和干缩系数几个指标来体现。

各个相关指标按下式进行计算：

混合料试件的总干缩系数：

$$\alpha_d = \frac{\sum \varepsilon_i}{\sum \omega_i} \tag{4-8}$$

混合料试件的干缩量：

$$\delta_i = \left(\sum_{j=1}^{4} X_{i,j} - \sum_{j=1}^{4} X_{i+1,j}\right)/2 \tag{4-9}$$

混合料试件的干缩应变：

$$\varepsilon_i = \delta_i / l \tag{4-10}$$

混合料试件的失水率：

$$\omega_i = (m_i - m_{i+1}) / m_p \tag{4-11}$$

混合料试件的干缩系数：

$$\alpha_{di} = \varepsilon_i / \omega_i \tag{4-12}$$

式中：$X_{i,j}$ ——第 i 次测试时第 j 个千分表的读数（mm）；

δ_i ——第 i 次观测干缩量（mm）；

l ——标准试件的长度（mm）；

ε_i ——第 i 次干缩应变（%）；

m_i ——第 i 次标准试件称量质量（g）；

m_p ——标准试件烘干后恒量（g）；

ω_i ——第 i 次失水率（%）；

α_{di} ——第 i 次干缩系数（%）。

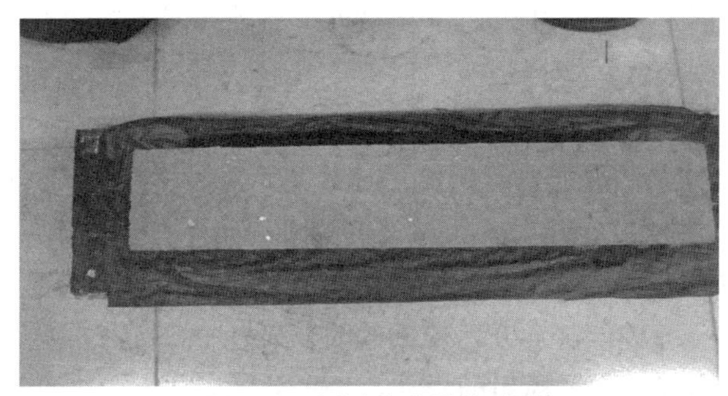

图 4.21　测试失水量的试件

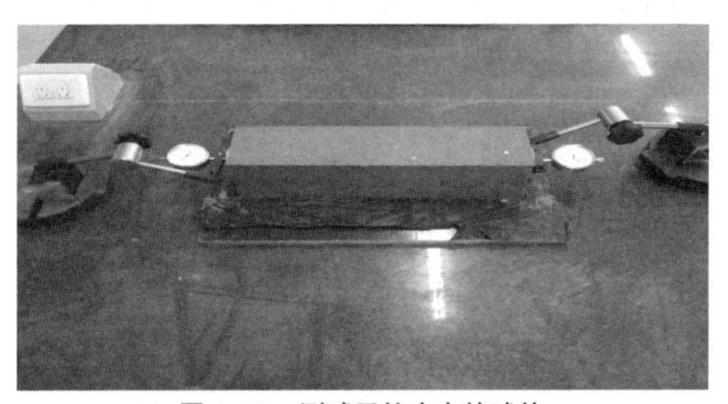

图 4.22　测试干缩应变的试件

4.6.3　收缩试验结果分析

本节对掺入3%的水泥的稳定的建筑废弃物路基混合料A1、掺入10%的石灰粉煤灰（石灰∶粉煤灰＝1∶3）稳定的建筑废弃物路基混合料C1、掺入3%的水泥和10%的石灰粉煤灰（石灰∶粉煤灰＝1∶3）的稳定的建筑废弃物路基混合料D1、掺入10%的石灰矿粉（石灰∶矿粉＝1∶3）的稳定的建筑废弃物路基混合料E1进行了干缩试验，并对试验数据进行了分析处理。A1、C1、D1、E1干缩试验的试验结果分别如表4.10、表4.11、表4.12、表4.13所示。

表 4.10　水泥稳定的建筑废弃物路基混合料 A1 干缩试验的试验结果

观测天数	千分表读数（μm）	试件质量（g）	干缩应变（με）	失水量（g）	平均失水率（%）	干缩系数（με/%）	平均干缩系数（με/%）
0	0	7756.4	0.0	0.0	0.0	0.0	83.8
1	78	7635.8	195.0	120.6	1.7	118.0	
2	121	7552.2	302.5	204.2	2.8	108.2	
3	137	7528.2	342.5	228.2	3.1	109.6	
4	148	7513.9	370.0	242.5	3.3	111.4	
5	165	7485.7	412.5	270.7	3.7	111.3	
6	157	7444.3	392.5	312.1	4.3	91.8	
7	147	7454.0	367.5	302.4	4.1	88.7	
8	151	7442.1	377.5	314.3	4.3	87.7	
9	157	7425.5	392.5	330.9	4.5	86.6	
10	153	7409.6	382.5	346.8	4.8	80.5	
11	151	7397.6	377.5	358.8	4.9	76.8	
12	154	7387.9	385.0	368.5	5.0	76.3	
13	162	7379.7	405.0	376.7	5.2	78.5	
14	164	7364.1	410.0	392.3	5.4	76.3	
15	156	7362.4	390.0	394.0	5.4	72.3	
16	162	7366.2	405.0	390.2	5.3	75.8	
17	166	7362.4	415.0	394.0	5.4	76.9	
18	166	7358.1	415.0	398.3	5.5	76.1	
19	164	7358.0	410.0	398.4	5.5	75.1	
20	167	7352.3	417.5	404.1	5.5	75.4	
21	169	7347.8	422.5	408.6	5.6	75.5	
22	167	7345.6	417.5	410.8	5.6	74.2	
23	164	7349.9	410.0	406.5	5.6	73.6	
24	165	7346.2	412.5	410.2	5.6	73.4	
25	170	7340.1	425.0	416.3	5.7	74.5	
26	171	7336.1	427.5	420.3	5.8	74.3	
27	170	7333.7	425.0	422.7	5.8	73.4	
28	172	7331.9	430.0	424.5	5.8	74.0	

表 4.11　石灰粉煤灰稳定的建筑废弃物路基混合料 C1 干缩试验的试验结果

观测天数	千分表读数 (μm)	试件质量 (g)	干缩应变 (με)	失水量 (g)	平均失水率 (%)	干缩系数 (με/%)	平均干缩系数 (με/%)
0	0	7774.3	0.0	0.0	0.0	0.0	37.7
1	22	7624.1	55.0	150.2	2.1	26.7	
2	33	7519.9	82.5	254.4	3.5	23.7	
3	46	7492.2	115.0	282.1	3.9	29.7	
4	56	7445.8	140.0	328.5	4.5	31.1	
5	67	7429.5	167.5	344.8	4.7	35.4	
6	70	7391.6	175.0	382.7	5.2	33.4	
7	72	7391.4	180.0	382.9	5.2	34.3	
8	76	7381.8	190.0	392.5	5.4	35.3	
9	81	7368.2	202.5	406.1	5.6	36.4	
10	85	7348.3	212.5	426.0	5.8	36.4	
11	89	7336.1	222.5	438.2	6.0	37.0	
12	94	7330.0	235.0	444.3	6.1	38.6	
13	101	7315.7	252.5	458.6	6.3	40.2	
14	101	7303.6	252.5	470.7	6.5	39.1	
15	99	7303.9	247.5	470.4	6.4	38.4	
16	109	7305.5	272.5	468.8	6.4	42.4	
17	112	7300.0	280.0	474.3	6.5	43.1	
18	109	7298.3	272.5	476.0	6.5	41.8	
19	108	7294.1	270.0	480.2	6.6	41.0	
20	110	7288.2	275.0	486.1	6.7	41.3	
21	110	7285.8	275.0	488.5	6.7	41.1	
22	111	7289.9	277.5	484.4	6.6	41.8	
23	109	7289.9	272.5	484.4	6.6	41.0	
24	112	7285.7	280.0	488.6	6.7	41.8	
25	113	7279.6	282.5	494.7	6.8	41.7	
26	111	7278.1	277.5	496.2	6.8	40.8	
27	113	7274.0	282.5	500.3	6.9	41.2	
28	114	7270.2	285.0	504.1	6.9	41.2	

表 4.12　水泥石灰粉煤灰稳定的建筑废弃物路基混合料 D1 干缩试验的试验结果

观测天数	千分表读数 (μm)	试件质量 (g)	干缩应变 (με)	失水量 (g)	平均失水率 (%)	干缩系数 (με/%)	平均干缩系数 (με/%)
0	0	7764. 6	0. 0	0. 0	0. 0	0. 0	93. 7
1	88	7624. 3	220. 0	140. 3	1. 9	114. 3	
2	148	7548. 2	370. 0	216. 4	3. 0	124. 6	
3	169	7530. 5	422. 5	234. 1	3. 2	131. 5	
4	174	7504. 1	435. 0	260. 5	3. 6	121. 7	
5	182	7470. 0	455. 0	294. 6	4. 0	112. 5	
6	188	7438. 6	470. 0	326. 0	4. 5	105. 0	
7	186	7423. 8	465. 0	340. 8	4. 7	99. 4	
8	175	7431. 9	437. 5	332. 7	4. 6	95. 8	
9	190	7421. 7	475. 0	342. 9	4. 7	100. 9	
10	187	7410. 0	467. 5	354. 6	4. 9	96. 1	
11	182	7396. 2	455. 0	368. 4	5. 1	90. 0	
12	184	7384. 3	460. 0	380. 3	5. 2	88. 1	
13	199	7362. 1	497. 5	402. 5	5. 5	90. 1	
14	194	7359. 9	485. 0	404. 7	5. 6	87. 3	
15	186	7363. 8	465. 0	400. 8	5. 5	84. 5	
16	193	7356. 1	482. 5	408. 5	5. 6	86. 1	
17	196	7346. 2	490. 0	418. 4	5. 7	85. 3	
18	197	7342. 5	492. 5	422. 1	5. 8	85. 0	
19	196	7340. 5	490. 0	424. 1	5. 8	84. 2	
20	198	7334. 4	495. 0	430. 2	5. 9	83. 8	
21	199	7332. 1	497. 5	432. 5	5. 9	83. 8	
22	196	7336. 3	490. 0	428. 3	5. 9	83. 4	
23	195	7336. 4	487. 5	428. 2	5. 9	83. 0	
24	197	7328. 0	492. 5	436. 6	6. 0	82. 2	
25	201	7320. 2	502. 5	444. 4	6. 1	82. 4	
26	199	7318. 4	497. 5	446. 2	6. 1	81. 2	
27	199	7314. 6	497. 5	450. 0	6. 2	80. 6	
28	202	7308. 3	505. 0	456. 3	6. 3	80. 6	

表 4.13　石灰矿粉稳定的建筑废弃物路基混合料 E1 干缩试验的试验结果

观测天数	千分表读数 (μm)	试件质量 (g)	干缩应变 (με)	失水量 (g)	平均失水率 (%)	干缩系数 (με/%)	平均干缩系数 (με/%)
0	0	7758.2	0.0	0.0	0.0	0.0	33.2
1	18	7597.7	45.0	160.5	2.2	20.3	
2	30	7484.0	75.0	274.2	3.8	19.8	
3	41	7460.1	102.5	298.1	4.1	24.9	
4	54	7447.9	135.0	310.3	4.3	31.5	
5	64	7408.2	160.0	350.0	4.8	33.1	
6	68	7365.8	170.0	392.4	5.4	31.4	
7	66	7379.5	165.0	378.7	5.2	31.5	
8	70	7363.3	175.0	394.9	5.5	32.1	
9	70	7351.6	175.0	406.6	5.6	31.2	
10	76	7331.7	190.0	426.5	5.9	32.2	
11	80	7321.7	200.0	436.5	6.0	33.2	
12	84	7317.3	210.0	440.9	6.1	34.5	
13	92	7305.4	230.0	452.8	6.3	36.8	
14	93	7287.6	232.5	470.6	6.5	35.8	
15	93	7287.9	232.5	470.3	6.5	35.8	
16	90	7294.0	225.0	464.2	6.4	35.1	
17	88	7292.1	220.0	466.1	6.4	34.2	
18	91	7290.1	227.5	468.1	6.5	35.2	
19	94	7285.8	235.0	472.4	6.5	36.0	
20	92	7287.7	230.0	470.5	6.5	35.4	
21	90	7287.6	225.0	470.6	6.5	34.6	
22	91	7283.4	227.5	474.8	6.6	34.7	
23	95	7279.7	237.5	478.5	6.6	35.9	
24	97	7278.0	242.5	480.2	6.6	36.6	
25	96	7277.9	240.0	480.3	6.6	36.2	
26	97	7276.1	242.5	482.1	6.7	36.4	
27	99	7272.0	247.5	486.2	6.7	36.8	
28	101	7270.0	252.5	488.2	6.7	37.4	

4.6.3.1 干缩应变 – 时间关系分析

根据表4.10 ~ 表4.13的试验结果，绘制A1、C1、D1、E1的干缩应变 – 时间关系曲线，如图4.23所示。

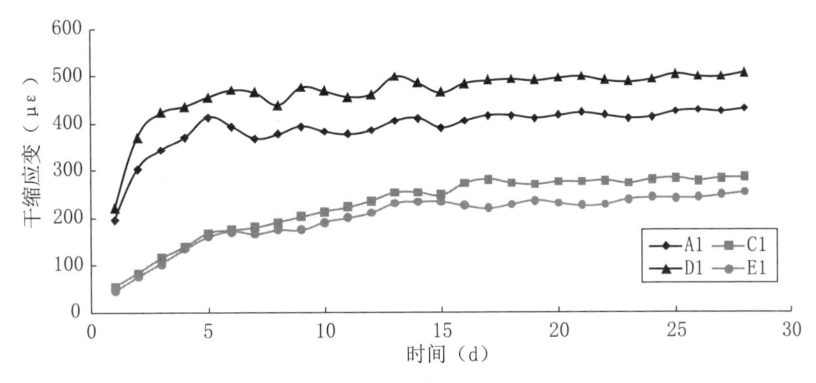

图4.23 A1、C1、D1、E1的干缩应变 – 时间关系曲线

由图4.23可知，随着时间的增长，A1、C1、D1、E1的干缩应变逐渐增大，可见水泥、石灰粉煤灰、石灰矿粉都会引起混合料的干缩应变。D1的干缩应变大于A1，说明在同样外加3%的水泥的条件下，掺入10%的石灰粉煤灰加大了混合料的干缩应变程度，混合料的干缩应变是在水泥和石灰粉煤灰的共同作用下产生的。A1、D1的干缩应变明显比C1、E1要大得多，可见掺入水泥的混合料的干缩应变比掺入石灰粉煤灰或者石灰矿粉的混合料要大很多，说明水泥对混合料干缩应变的影响远比石灰粉煤灰或者石灰矿粉的影响大。C1的干缩应变比E1的略大，说明掺入比例同为10%的时候，石灰粉煤灰对混合料干缩应变的影响比石灰矿粉的影响略大。图4.23还显示，在前15天时间里，A1、C1、D1、E1干缩应变的增长速度快，之后的增长速度很小。C1、E1在前15天的时间里，干缩应变基本上是呈直线增长，说明石灰粉煤灰、石灰矿粉的掺入对混合料干缩应变的影响基本上是均匀作用的。A1、D1在前15天的时间里，干缩应变呈现曲线增长，主要是由于水泥在得失水的时候干缩和膨胀性能表现得更为明显。

4.6.3.2 失水率 – 时间关系分析

根据表4.10 ~ 表4.13的试验结果，绘制A1、C1、D1、E1失水率 – 时间关系曲线，如图4.24所示：

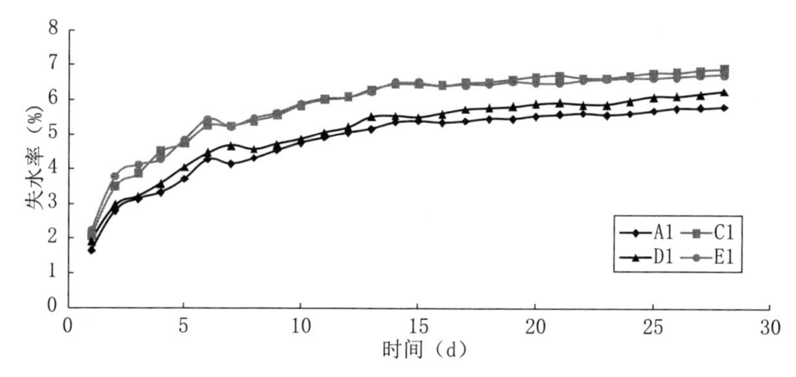

图 4.24　A1、C1、D1、E1 失水率 - 时间关系曲线

由图 4.24 可知，A1、C1、D1、E1 的失水量在前 15 天时间里变化较大，之后变化较小，并逐步趋于稳定。C1 与 E1 的失水率基本上是一致的，可见掺入 10% 的石灰粉煤灰和掺入 10% 的石灰矿粉对混合料失水率的影响是相似的。A1 的失水率比 C1、E1 的失水率要小，说明掺入水泥的混合料比掺入石灰粉煤灰或者石灰矿粉的混合料失水量小。A1 的失水率小于 D1 的失水率，可见在同加 3% 的水泥的条件下，再掺入 10% 的石灰粉煤灰会促进混合料失水率的增大。C1 的失水率大于 D1 的失水率，可见在同样掺入 10% 的石灰粉煤灰的条件下，外加 3% 的水泥会抑制混合料失水率的增长。

4.6.3.3　干缩系数—时间关系分析

根据表 4.10 ~ 表 4.13 的试验结果，绘制 A1、C1、D1、E1 干缩系数 - 时间关系曲线，如图 4.25 所示。

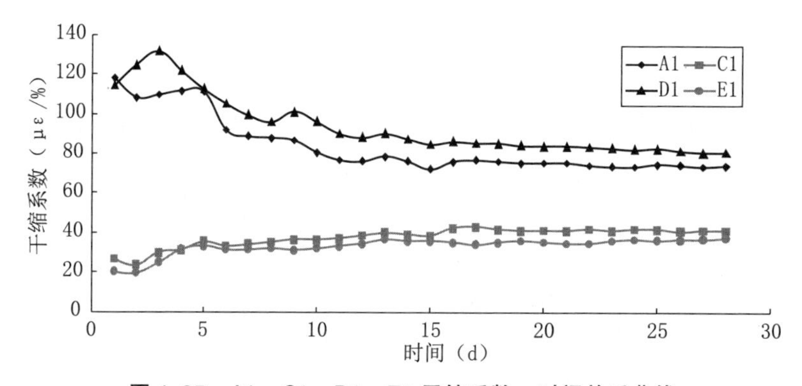

图 4.25　A1、C1、D1、E1 干缩系数 - 时间关系曲线

由图 4.25 可知，A1、C1、D1、E1 的干缩系数都是在前 15 天时间里变化大，之后的变化较小。A1、D1 的干缩系数随着时间的增长而逐渐变小，

变化速率也是逐渐减少。C1、E1 的干缩系数随着时间的增长而逐渐变大，变化速率逐渐减少。A1 的干缩系数大于 C1、E1 的干缩系数，说明水泥比石灰粉煤灰或者石灰矿粉对混合料干缩系数的影响要大。A1 的干缩系数逐渐减少，C1、E1 的干缩系数逐渐增大，说明水泥前期对混合料干缩系数的影响比后期要大，石灰粉煤灰、石灰矿粉前期对混合料干缩系数的影响比后期要小。C1 与 E1 的干缩系数随时间的变化几乎是一样的，说明掺入 10% 的石灰粉煤灰和掺入 10% 的石灰矿粉对混合料干缩系数的影响是类似的。A1 的干缩系数小于 D1 的干缩系数，可见在同加 3% 的水泥的条件下，再掺入 10% 的石灰粉煤灰会促进混合料干缩系数的增大。C1 的干缩系数小于 D1 的干缩系数，可见在同样掺入 10% 的石灰粉煤灰的条件下，外加 3% 的水泥也会促进混合料干缩系数的增大。

4.6.3.4　混合料的平均干缩系数分析

四种不同类型混合料 A1、C1、D1、E1 的平均干缩系数如表 4.14 所示。

表 4.14　A1、C1、D1、E1 的平均干缩系数

混合料类型	A1	C1	D1	E1
平均干缩系数	83.8	37.7	93.7	33.2

由表 4.14 可知，E1 的平均干缩系数比 C1 的平均干缩系数略小，说明掺入 10% 的石灰矿粉比掺入 10% 的石灰粉煤灰对混合料平均干缩系数的影响略小。A1 的平均干缩系数大于 C1、E1 的平均干缩系数，说明外加 3% 的水泥比掺入 10% 的石灰粉煤灰、10% 的石灰矿粉对混合料平均干缩系数的影响要大，可见水泥比石灰粉煤灰、石灰矿粉对混合料平均干缩系数的影响更显著。A1 的平均干缩系数小于 D1 的平均干缩系数，可见在同加 3% 的水泥的条件下，再掺入 10% 的石灰粉煤灰会促进混合料平均干缩系数的增大，增加了混合料的收缩变形。C1 的平均干缩系数小于 D1 的平均干缩系数，可见在同样掺入 10% 的石灰粉煤灰的条件下，外加 3% 的水泥大大地促进了混合料干缩系数的增大，水泥使混合料的收缩变形产生了巨大的增长。

4.7　用建筑废弃物填筑路基沉降变形的数值分析

应用有限元分析软件，对路基进行模拟，可以得出其沉降变形特性。在对岩土工程问题进行有限元分析时，有它独有的特点。ABAQUS 是常用的有限元软件之一，可以真实模拟土体性状的本构模型，可以进行有效应力及孔隙水压力的计算，具备较强的接触面分析功能，可以模拟土和结构两者间的分离、移动等现状，能够分析岩土工程中开挖或填土等特有的问题，能够准确地进行初始应力状态分析，在岩土工程中有较广的适用性。

4.7.1 工程概况

本节以广州白云区某工程 K28 + 900 ~ K29 + 120 段道路为依托。地铁十四号线一期工程始于嘉禾望岗站，止于街口站，全长 54.1km，其中地下线路全长 15.6km，地上线路全长 38.5km，共设车站 13 座，其中包含 5 座地下车站，8 座高架车站。知识城支线始于新和站，止于镇龙站，全长 21.8km，其中地下线路全长 19.6km，地上线路全长 2.2km，共设车站 7 座。地铁十四号线一期工程与知识城支线工程一共设有车辆段一处、停车场两座。地铁十四号线一期与知识城支线项目工程量巨大，在建设施工过程中，产生了大量的建筑废弃物。同时，地铁十四号线大部分沿着 105 国道铺设，沿途两侧村民居住房屋建设密集，工程项目建设过程中房屋拆迁量大，也会产生大量的建筑废弃物。在地铁建设项目中引进移动式生产线，就地开展建筑废弃物的循环利用，实现建筑废弃物同产生、同消纳的循环利用，将建筑废弃物经过现场分选、破碎后，得到再生骨料，再将再生骨料用于就近道路路基的填筑，不仅解决了建筑废弃物的堆放难题、保护了自然环境，还减少了运输费用、降低了工程造价。

结合工程实际，本节对于用建筑废弃物填筑路基的过程，应用 ABAQUS 软件进行模拟，得出用建筑废弃物填筑路基的沉降结果，分析其沉降变形特性。同时，也模拟了用一般黏土填筑的路基，得出其沉降结果，并对两者的沉降变形结果进行对比分析。

4.7.2 路基结构描述

在工程现场选取建筑废弃物混合料，采用分层压实的方法填筑路基，并在路基两侧设置边坡，增强路基的稳定性。路面宽度为 24.5 米，路基填筑高度为 6 米，边坡斜率为 1∶1.5。依照用建筑废弃物填筑路基的方法及相关尺寸，同样采用一般黏土填筑路基，以便对两者的沉降模拟结果进行对比分析。路基结构如图 4.26 所示：

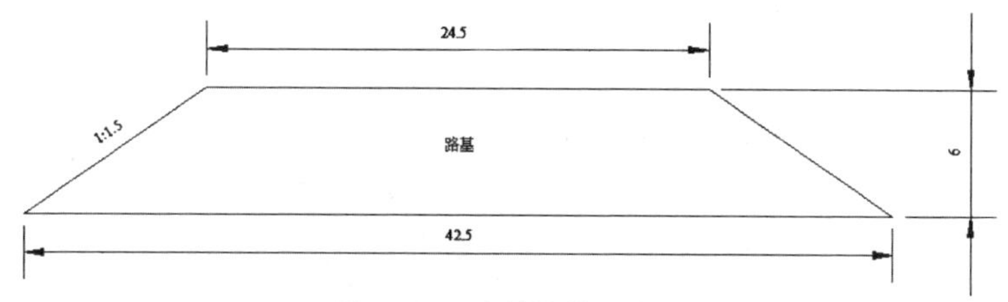

图 4.26　路基结构示意图

4.7.3　模型描述

本节计算模型如图 4.27 所示，计算模型中取地下深度 20m，地基土一共分为三层。第一层为杂填土，厚度 7.8m；第二层为黏土，厚度 7.2m；第三层为全分化花岗岩，厚度 5m。

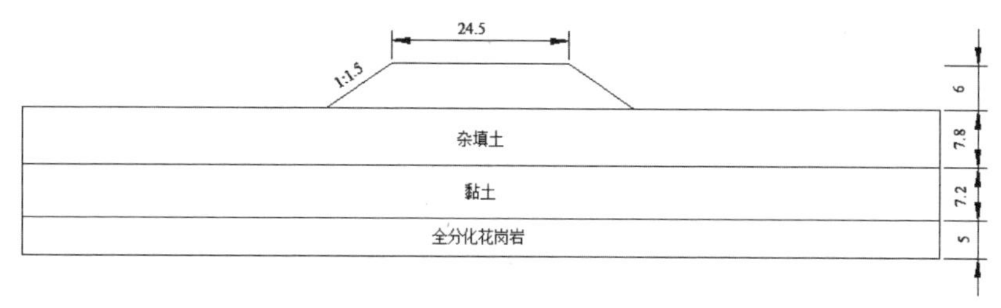

图 4.27　路基堆载工况图

地基勘察土样如图 4.28 所示，各个地基土层与路基结构材料的参数如表 4.15 所示。选取建筑废弃物混合料或者一般黏土填筑路基，填筑高度为 6m，分三次进行填筑，每次的填筑高度为 2m，分别模拟了用建筑废弃物混合料或者一般黏土填筑路基的过程，分析了两者的沉降变形特性。

图 4.28　地基勘察土样

表 4.15　地基土层与路基结构材料参数

材料类型	杂填土	黏土	全分化花岗岩	建筑废弃物	填筑黏土
厚度（m）	7.8	7.2	5	6	6
密度 ρ（g/cm^3）	1.77	1.92	2	1.97	1.9
孔隙比 e	1.093	0.927	0.7	-	-
粘聚力 c（kPa）	12	22	50	32	18
摩擦角 φ（°）	14.1	21	26	38	20
弹性模量 E（MPa）	12	12	45	43.4	10
渗透系数 k（m/d）	0.8	0.09	0.5	-	-
泊松比 μ	0.4	0.35	0.3	0.35	0.4

4.7.4　本构关系描述

由于 Mohr - Coulomb（莫尔 - 库仑）模型与工程实际比较符合，且模型参数较少，需要的材料参数只有：粘聚力 c 和摩擦角 φ，也较容易得到，使得 Mohr - Coulomb 模型在工程研究中得到了普遍的运用。弹性模型适应于材质均匀、连续，各向同性的材料。弹性模型的应力应变呈线性变化关系，卸载之后可完全恢复到初始状态，且与应力路径不相关。弹性模型需要的材料参数有：弹性模量 E 和泊松比 μ。

4.7.5　模型的建立

4.7.5.1　建立部件

路基是带状结构，其横向尺寸相比于纵向尺寸小很多。由于道路具有对称性，为了降低网格数量，提高计算速率，选取路基的一半结构进行建模分析，如图 4.29 所示。考虑模型的影响范围，将地基土的横向尺寸取路堤底部尺寸的 3 倍，即 63.75m。

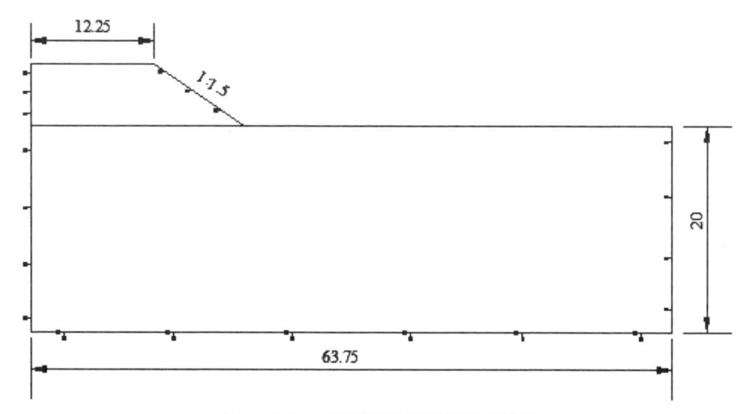

图 4.29　路基堆载模型示意图

在 ABAQUS 软件的 Part 模块中，按照模型尺寸建立一个部件。将用于填筑路基的材料和地基土分开，从上往下将地基按照不同地基土层的深度分成三个区域，按照填筑顺序将用于填筑路基的材料分成 2m 一级的三个区域，如图 4.30 所示。将地基的三个区域分别建立三个集合，将用于填筑路基材料的三个区域也分别建立三个集合。

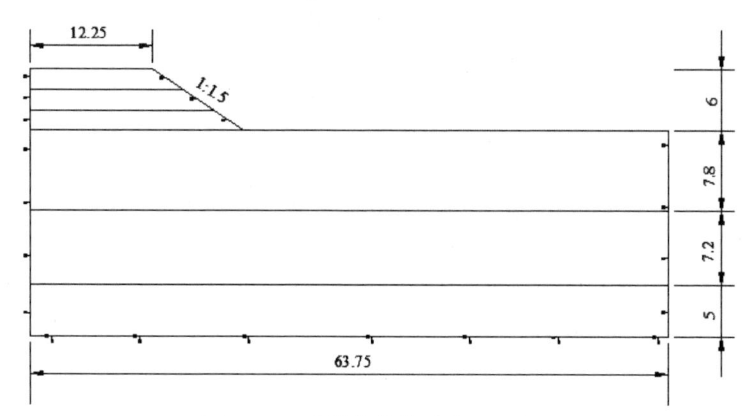

图 4.30　路基堆载模型分区示意图

4.7.5.2 设置材料和截面特性

在 Property 模块中，分别建立三个地基材料和路基材料。本文中地基和路基都采用莫尔 - 库仑模型。按照表中数据分别设置三个地基材料和路基材料参数，然后将地基材料和路基材料分别赋给对应的截面中，再将各个截面分别赋给相应地基的三个区域和路基的三个区域。

4.7.5.3 装配部件

在 Assembly 模块中，将各个部件完成装配。

4.7.5.4 定义分析步

首先在 Step 模块中建立地应力分析步，然后按照时间先后顺序分别建立填筑第一层路基、第一层路基固结、填筑第二层路基、第二层路基固结、填筑第三层路基、第三层路基固结 6 个瞬态分析步。如图 4.31 所示，每层路基的加载时间和固结时间均为 10 天。初始时间增量设置为 0.1 天，时间增量采用软件中的自动搜索功能，UTOL 设置为 20kPa。选择非对称分析方法，采用线性加载方式。

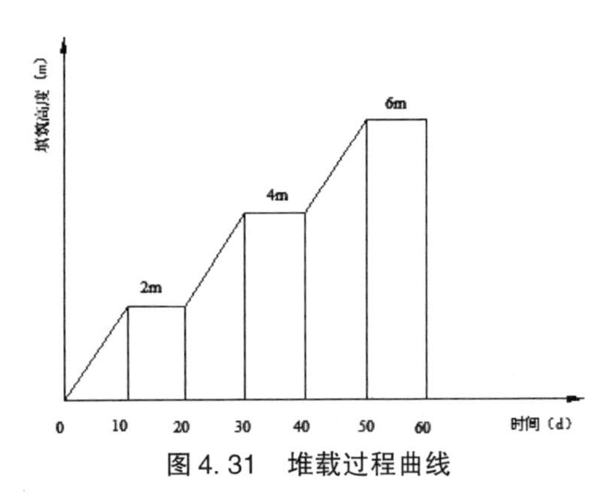

图 4.31 堆载过程曲线

4.7.5.5 定义载荷、边界条件

路基是分三层进行填筑，实际是属于分级堆载。在进行地应力分析的时候，第一、二、三层路基是不存在的；在进行第一层路基填筑的时候，第二、三层路基是不存在的；在进行第二层路基填筑的时候，第三层路基是不存在的，因此需要采用 ABAQUS 中的单元生死功能。如图 4.32 所示，在 Interaction 模块中，进行地应力分析的时候，将第一、二、三层路基的载荷移除；进行第一层路基填筑分析的时候，激活第一层路基载荷单元；进行第二层路基填筑分析的时候，激活第二层路基载荷单元；进行第三层路基填筑分析的时候，激活第三层路基载荷单元。

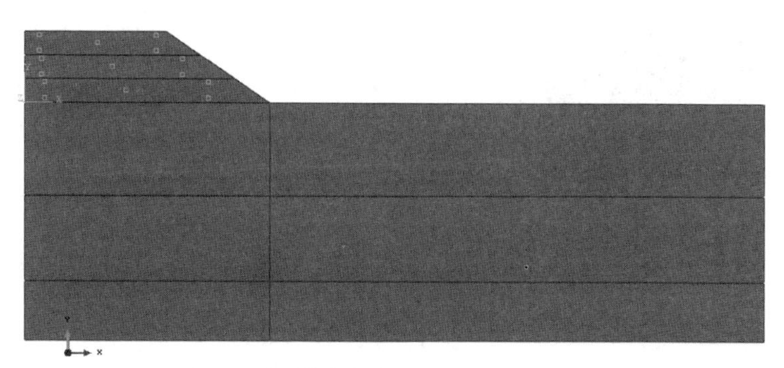

图4.32　锁定与激活路基荷载单元图

在Load模块中，设置模型的边界条件，定义载荷条件。在初始条件下，将地基地面的水平位移和竖向位移全部固定，将地基和路基左右两边的水平位移固定，将地基顶面的孔压设置为0。

如图4.33所示，在地应力分析步中，对第一层地基土通过体力施加荷载－7.7，对第二层地基土通过体力施加荷载－9.2，对第三层地基土通过体力施加荷载－10。在进行路基填筑过程中，对于用建筑废弃物填筑的路基，在进行填筑第一层路基分析步、填筑第二层路基分析步和填筑第三层路基分析步时均通过体力施加荷载－19.7；对于用一般黏土填筑的路基，在进行填筑第一层路基分析步、填筑第二层路基分析步和填筑第三层路基分析步时均通过体力施加荷载－19。

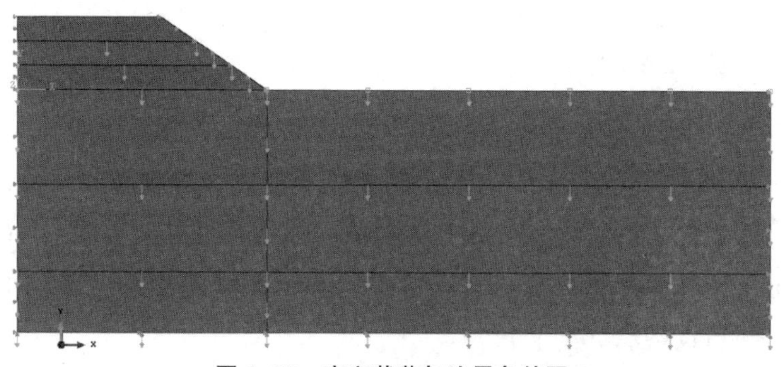

图4.33　定义载荷与边界条件图

4.7.5.6　划分网格

在Mesh模块中，选择Part部件进行网格划分。在整个模型上播撒间隔为0.5m的种子，地基采用四边形的网格进行划分，填筑的路基采用以四边形为主的网格进行划分。模型进行网格划分结果如图4.34所示，一共划分了5255个单元网格。

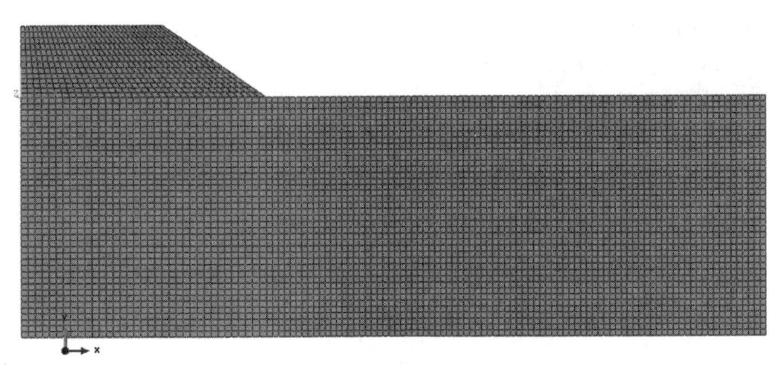

图 4.34 网格划分图

4.7.5.7 修改模型输入文件，建立初始条件

为了保持初始应力场平衡，需要修改模型文件。在 Model 的 Keywords 中的第一个 Step 之前输入以下初始应力场和初始孔隙比语句：

```
*initial conditions, type = stress, Geostatic
Part-1-1.diji1, 0, 0, -60.06, -7.8, 0.5, 0.5
Part-1-1.diji2, -60.06, -7.8, -126.3, -15, 0.5, 0.5
Part-1-1.diji3, -126.3, -15, -176.3, -20, 0.5, 0.5
*initial conditions, type = ratio
Part-1-1.diji1, 1.093
Part-1-1.diji2, 0.927
Part-1-1.diji3, 0.7
```

4.7.5.8 提交任务

在 Job 模块中，建立任务文件，提交任务进行运算。

4.7.6 沉降模拟结果与分析

通过 ABAQUS 软件对于用建筑废弃物混合料填筑的路基与用一般黏土填筑的路基分别进行数值模拟分析，得出两者的堆载沉降云图，分析用建筑废弃物混合料填筑路基的可行性。

4.7.6.1 用一般黏土填筑路基的堆载沉降结果

用一般黏土填筑路基的堆载沉降云图如图 4.35 所示，从图中可以看到，在填筑的路基及其下方的地基以及路堤两侧的临近区域产生的沉降较大。在用一般黏土填筑路基的过程中，堆载引起的最大沉降值是 11.19cm，发生最大沉降的位置在填筑路基的中心，这与工程实际相符。

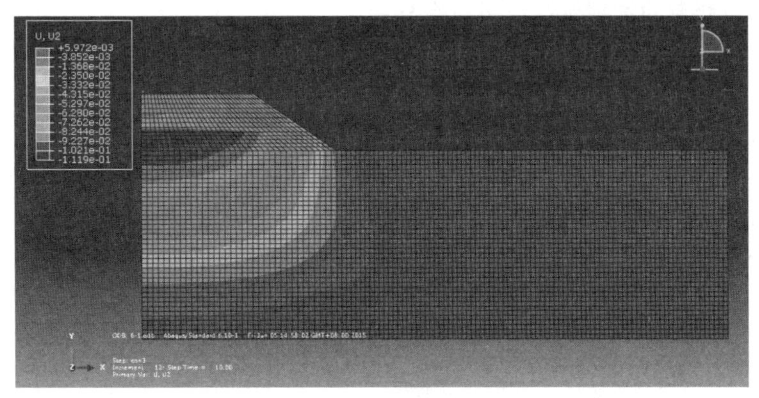

图4.35 用一般黏土填筑路基的堆载沉降云图

4.7.6.2 用建筑废弃物填筑路基的堆载沉降结果

用建筑废弃物填筑路基的堆载沉降云图如图4.36所示，由无侧限抗压强度试验可知建筑废弃物混合料具有较好的抗压强度，因此以建筑废弃物为填料填筑的路基具有较好的承载能力；由收缩试验可知水泥稳定的建筑废弃物路基混合料收缩变形稍大，石灰粉煤灰、石灰矿粉稳定的建筑废弃物路基混合料的收缩变形较小，以建筑废弃物混合料为填料填筑的路基产生的裂缝较少，雨水对路基的渗透较少；由水稳性试验可知建筑废弃物混合料整体水稳性能较好，石灰粉煤灰、石灰矿粉稳定的建筑废弃物路基混合料在水养时强度下降的幅度也不大，因此在固结排水过程中路基承载能力依旧较好。模拟分析得出建筑废弃物堆载作用引起路基中心产生最大沉降值10.65cm，沉降区域主要涉及路基及其下方的地基以及路堤两侧的拓展区域，变化规律和一般黏土基本一致，与实际工程相符。

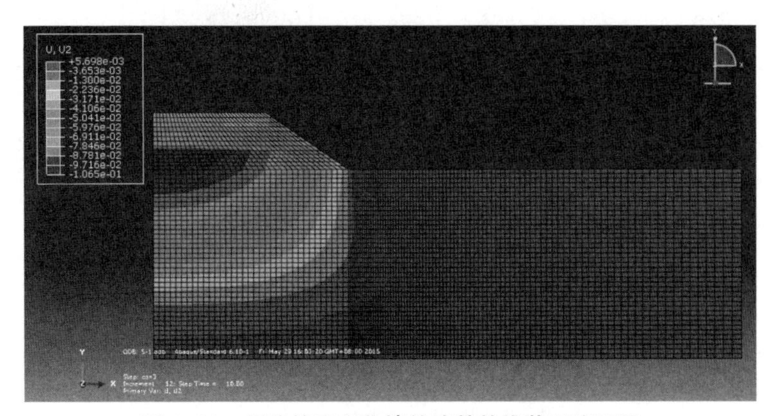

图4.36 用建筑废弃物填筑路基的堆载沉降云图

4.7.6.3 两者的堆载沉降结果对比分析

将上述两者的堆载沉降结果进行对比分析，可以得到以下结论：

1. 以建筑废弃物为填料填筑路基引起的变形特性与以一般黏土为填料填筑路基引起的变形特性基本一致。

2. 以一般黏土为填料填筑路基引起的最大沉降值是11.19cm，以建筑废弃物为填料填筑路基引起的最大沉降值是10.65cm。

3. 由无侧限抗压强度试验、水稳性试验和收缩试验可知以建筑废弃物为填料填筑的路基具有较好的承载能力，模拟得出以建筑废弃物为填料填筑路基的沉降变化规律与实际工程相符，说明建筑废弃物是一种良好的路基填料。

第5章　建筑废弃物作骨料在CFG桩的应用

5.1　加固机理研究

CFG（Cement - Flyash - Gravel，水泥 - 粉煤灰 - 石子）桩加固软弱地基，桩和桩间土一起通过褥垫层形成CFG桩复合地基，所起的作用具有桩体作用、挤密作用及褥垫层作用。其受力特性介于碎石桩与钢筋混凝土桩之间，类似于水泥搅拌桩。由于CFG桩身具有一定刚度，不属于散体材料，桩体承载力取决于桩侧摩阻力、桩端承载力及桩体材料强度，但桩体强度与刚度比一般混凝土小，有利于充分发挥桩体材料的潜力，降低地基处理费用。

（1）桩体作用：CFG桩不同于一般的碎石桩，它是具有一定黏结强度的混合材料，在荷载作用下桩身的压缩性明显比周围软土小，因此基础传给复合地基的附加应力随地基的变形逐渐集中到桩体上，出现应力集中现象，从而起到桩体作用。

（2）挤密与置换作用：由于CFG桩施工时是用振动沉管法施工，其振动和挤压作用使桩间土原始应力结构得到破坏，土颗粒间的孔隙比、含水量及压缩系数都有所减小，天然密度、压缩模量均有所增加，桩间土得到挤密，使原来工程性能较差的土逐渐向工程性能较好的方向转变，同时也起到置换作用，在一些不可挤密的土层施工时，起到的置换作用比较明显。

（3）褥垫层作用：由散体材料组成的褥垫层，在复合地基中可以保证桩、土共同承担荷载，为复合地基在受荷后提供了桩上、下刺入条件，以保证桩间土始终参与工作；同时可以减少基础底面的应力集中，CFG桩的褥垫层在荷载作用下可以调整桩土荷载（包括水平荷载）分担比。

建筑废弃物再生骨料CFG桩地基加固机理与CFG桩地基加固机理相似。其对地基土的加固机理主要表现为：

（1）抗震性能：建筑废弃物与碎石相比具有空隙率大、吸水率高、表面粗糙、比表面积大等特性，与碎石相比，建筑废弃物自身的表观密度低，这有利于减轻桩体自身的重量，具有一定的抗震性能。

(2) 置换作用：在复合地基中，桩体强度与桩间土强度相差较大，在自然土层中的柱状体实际上构成了土层的竖向加筋，从而大大提高了复合地基的承载力。由于建筑废弃物颗粒棱角多，增大了其内摩擦力，可使桩体破坏速度减缓，从而也提高了桩的抗压强度。

(3) 褥垫层作用：褥垫层是复合地基的关键技术，其在复合地基中可以起到保证桩、土共同承担荷载，减少基础底面的应力集中的作用；合理的厚度可以调整桩、土荷载（竖直和水平方向）分担比的作用。I 类建筑废弃物可代替碎石做褥垫层。

5.2 褥垫层技术

褥垫层技术是 CFG 桩复合地基的关键技术。褥垫层要发挥其应有的作用就需要具有一定的厚度和模量。王中士等研究了褥垫层的模量和厚度对桩侧负摩擦区长度、桩土应力比及桩间土作用力的影响，表明当垫层厚度和上部荷载一定时，褥垫层的模量对沉降的影响主要是通过对桩土应力和桩侧摩阻力的影响来实现的；褥垫层的厚度对 CFG 桩复合地基沉降的影响亦是通过对桩与桩间土荷载的分配表现出来的。

由于桩的刚度比桩间土的刚度大，故桩顶分担的荷载比桩间土分担的荷载大，桩顶应力 σ_p 大于桩间土的应力 σ_s。随着基底压力的增加，桩顶处的褥垫层进入塑性区，桩与桩间土将发生较大的相对位移，桩顶刺入褥垫层，此时桩间土受到压缩固结。由于桩间土的压缩变形比桩的压缩变形显著得多，若褥垫层的模量不大则其通过破坏重组“流动”到桩间土因压缩沉降而产生的空隙中。

随着荷载的增大，桩顶进一步刺入褥垫层，桩间土将承受更大的荷载，因而桩间土又进一步压缩，褥垫层再次流动补偿。所以桩的刺入变形与桩间土压缩变形就这样经历着一个反复循环、协调的过程。这一过程同时伴随着土体压密和强度增长的过程。显然这种协调过程最终会达到平衡。若褥垫层的模量过大或下卧层过硬，桩则无法或很少上刺入褥垫层或下刺入下卧层。如此，桩将承受绝大部分荷载，而桩间土则很少发挥作用，这与复合地基使桩与桩间土共同承担荷载的初衷相悖。但如果褥垫层的模量过小，虽然 CFG 桩刺入褥垫层，但荷载转移的效果不是很明显，桩间土的作用就得不到很好的发挥，故褥垫层要有一定的模量。

在复合地基处理中，褥垫层的主要作用有：

（1）保证桩、土共同承担荷载，以提供更大的承载力；

（2）调整桩、土荷载分担比，最大限度地发挥桩的作用；

（3）改善基础底面的应力集中，减少基础的不均匀沉降；

（4）调整桩、土水平荷载的分担，提高基础的稳定性。

何结兵等根据太沙基基本理论，详细地讨论了 CFG 桩复合地基褥垫层作用机理，并推导出 CFG 桩复合地基最佳桩间距、合理褥垫层厚度、桩土应力比和实际置换率的解析表达式。表达式如下：

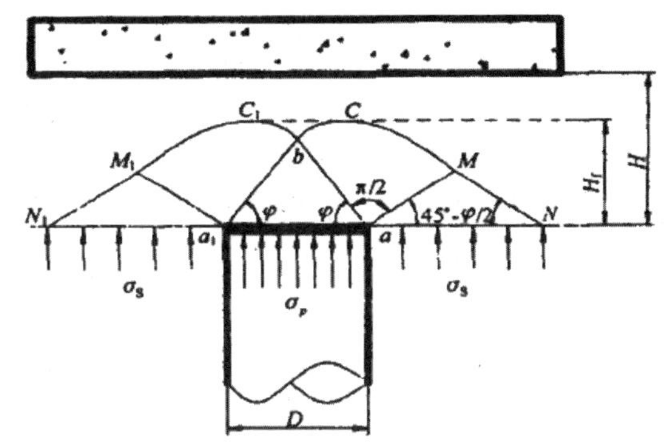

图 5.1　褥垫层中滑动面（$H > H_f$）

（1）最佳的桩间距：

$$L_0 = 2L + D = D\left\{2\frac{\exp\left[\left(\frac{3\pi}{4} - \frac{\varphi}{2}\right)\tan\varphi\right]\cos\left(\frac{\pi}{4} - \frac{\varphi}{2}\right)}{\cos\varphi} + 1\right\} \quad (5-1)$$

式中 L 为滑动区域 aN 的长度。

（2）实际置换率：

$$m' = \left(\frac{D}{2L + D}\right)^2 = \left\{\frac{\cos\varphi}{2\exp\left[\left(\frac{3\pi}{4} - \frac{\varphi}{2}\right)\tan\varphi\right]\cos\left(\frac{\pi}{4} - \frac{\varphi}{2}\right) + \cos\varphi}\right\}^2 \quad (5-2)$$

（3）桩土应力比为桩顶应力 σ_p 与桩间土的轴向平均应力 σ_s 之比，即桩土应力比：

$$n = \frac{\sigma_p}{\sigma_s} = (1 + \tan^2\varphi)\,\zeta_q\,N_q' \quad (5-3)$$

ζ_q 为桩体截面形状系数，$\zeta_q = 1 + \tan\varphi$；$N_q'$ 为承载力修正系数。垫层若采用无黏性土，则摩擦力为：

$$T_c = \frac{1}{2}\sigma_c D\frac{\tan\varphi}{\cos\varphi} \quad (5-4)$$

式中 σ_c 为被动土压力强度；

（4）最佳垫层厚度：

$$H = H_f = L' \frac{\cos\varphi}{\exp\left[\left(\frac{3\pi}{4} - \frac{\varphi}{2}\right)\tan\varphi\right]\cos\left(\frac{\pi}{4} - \frac{\varphi}{2}\right)} \exp\left(\frac{\pi}{2}\tan\varphi\right) \quad (5-5)$$

式中 L' 是滑动区域长度，其他参数同上。

褥垫层技术是建筑废弃物做骨料 CFG 桩复合地基的核心技术。如果桩、土之间没有设置褥垫层，则复合地基的工作特性和桩基础的工作原理没有大的区别，反而由于复合地基中的桩的刚度不如桩基础中桩的刚度大，而使复合地基的承载力不够大，从而建筑物产生较大的变形，不能满足上部建筑物的沉降变形要求和安全。

复合地基中褥垫层合理地设置，能保证桩与土共同承担荷载，充分利用桩间土的承载特性，调整桩土应力比 n，而且，减少了基础底面的应力集中，减轻了对基础的冲切作用，这样相对于桩基础，在工程投资方面就可以有较大的节省，起到了经济的作用。另外，在基础受到水平荷载的情况下，褥垫层还可以把很大一部分水平荷载转移到桩间土上面，使得桩体不至于受到很大的水平荷载而折断，这样就不必要求桩内设计钢筋来抵抗水平荷载的作用。

对于褥垫层的厚度也是有要求的，既不能太厚，也不能太薄。太厚则复合地基和天然地基并无两样，太薄则复合地基又和桩基础没有本质的区别。褥垫层的合理厚度应为20cm～50cm。而且，对于不同的工程地层情况，褥垫层的厚度也应该有所变化。

5.3 再生骨料 CFG 桩复合地基数值模拟理论基础

5.3.1 有限差分原理

差分法是微分方程的一种近似数值解法。具体地讲，差分法是把基本方程和边界条件（一般均为微分方程）近似地改用差分方程（代数方程）来表示，把求解微分方程的问题转化为求解代数方程的问题。

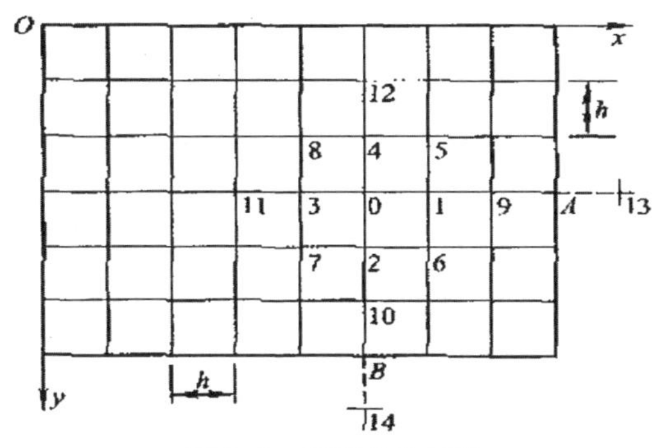

图5.2　有限差分网格

在弹性体上用相隔等间距 h 而平行于坐标轴的两组平行线织成网格，网格的交点叫节点，网格的间距称为步长。设 $f = f(x,y)$ 为弹性体内的某一个连续函数，它可能是某一个位移分量或应力分量，也可能是应力函数或者温度，这个函数，在平行于 x 轴的一根网线上，例如在 3 - 0 - 1 上，它只随 x 坐标的改变而变化，在结点0的近处，函数 f 可以展为泰勒级数如下：

$$f = f_0 + \left(\frac{\partial f}{\partial x}\right)_0 (x - x_0) + \frac{1}{2!}\left(\frac{\partial^2 f}{\partial x^2}\right)_0 (x - x_0)^2 + \frac{1}{3!}\left(\frac{\partial^3 f}{\partial x^3}\right)_0 (x - x_0)^3 + \frac{1}{4!}\left(\frac{\partial^4 f}{\partial x^4}\right)_0 (x - x_0)^4 + \cdots \tag{5-6}$$

在结点3与结点1，x 分别等于 $x_0 - h$ 及 $x_0 + h$，即 $x - x_0$ 分别等于 $-h$ 及 h，代入式（5-6），则结点3与结点1的泰勒级数为：

$$f_3 = f_0 - h\left(\frac{\partial f}{\partial x}\right)_0 + \frac{h^2}{2!}\left(\frac{\partial^2 f}{\partial x^2}\right)_0 - \frac{h^3}{3!}\left(\frac{\partial^3 f}{\partial x^3}\right)_0 + \frac{h^4}{4!}\left(\frac{\partial^4 f}{\partial x^4}\right)_0 + \cdots \tag{5-7}$$

$$f_1 = f_0 + h\left(\frac{\partial f}{\partial x}\right)_0 + \frac{h^2}{2!}\left(\frac{\partial^2 f}{\partial x^2}\right)_0 + \frac{h^3}{3!}\left(\frac{\partial^3 f}{\partial x^3}\right)_0 + \frac{h^4}{4!}\left(\frac{\partial^4 f}{\partial x^4}\right)_0 + \cdots \tag{5-8}$$

假定网格间距 h 是充分小的，因而可以不计它的三次幂及更高次幂的各项，则式（5-7）与式（5-8）简化为：

$$f_3 = f_0 - h\left(\frac{\partial f}{\partial x}\right)_0 + \frac{h^2}{2!}\left(\frac{\partial^2 f}{\partial x^2}\right)_0 \tag{5-9}$$

$$f_1 = f_0 + h\left(\frac{\partial f}{\partial x}\right)_0 + \frac{h^2}{2!}\left(\frac{\partial^2 f}{\partial x^2}\right)_0 \tag{5-10}$$

联立求解式（5-9）及式（5-10），求解 $\left(\frac{\partial f}{\partial x}\right)_0$ 及 $\left(\frac{\partial^2 f}{\partial x^2}\right)_0$ 得到差分公式：

$$\left(\frac{\partial f}{\partial x}\right)_0=\frac{f_1-f_3}{2h} \tag{5-11}$$

$$\left(\frac{\partial^2 f}{\partial x^2}\right)_0=\frac{f_1+f_3-2f_0}{h^2} \tag{5-12}$$

同样可以得到：

$$\left(\frac{\partial f}{\partial y}\right)_0=\frac{f_2-f_4}{2h} \tag{5-13}$$

$$\left(\frac{\partial^2 f}{\partial y^2}\right)_0=\frac{f_2+f_4-2f_0}{h^2} \tag{5-14}$$

式（5－11）至式（5－14）是基本差分公式，通过这些公式可以推导出其他的差分公式。例如，利用式（5－11）和式（5－13），可以导出混合二阶导数的差分公式：

$$\left(\frac{\partial^2 f}{\partial x\partial y}\right)_0=\left[\frac{\partial}{\partial x}\left(\frac{\partial f}{\partial x}\right)\right]_0=\frac{\left(\frac{\partial f}{\partial y}\right)_1-\left(\frac{\partial f}{\partial y}\right)_3}{2h}=\frac{1}{4h^2}[(f_6+f_8)-(f_5+f_7)] \tag{5-15}$$

用同样的方法，可由式（5－12）和式（5－14）可以导出四阶导数的差分公式如下：

$$\left(\frac{\partial^4 f}{\partial x^4}\right)_0=\frac{1}{h^4}[6f_0-4(f_1+f_3)+(f_9+f_{11})] \tag{5-16}$$

$$\left(\frac{\partial^4 f}{\partial x^2 y^2}\right)_0=\frac{1}{h^4}[4f_0-2(f_1+f_2+f_3+f_4)+(f_5+f_6+f_7+f_8)] \tag{5-17}$$

$$\left(\frac{\partial^4 f}{\partial y^4}\right)_0=\frac{1}{h^4}[6f_0-4(f_2+f_4)+(f_{10}+f_{12})] \tag{5-18}$$

Wilkins（1964）提出了任何形状单元的有限差分方程的方法。FLAC 3D 有限差分程序应用了这种方法，即其单元边界可以是任何形状、任何单元，可以具有不同的性质和值的大小。

5.3.2 FLAC 3D 的数值模拟

FLAC 及 FLAC 3D（Fast Lagrangian Analysis for Continuum 3 dimention）是二维和三维岩土力学有限差分计算机程序，业已成为我国岩土力学与工程界发展最快、最具影响的数值分析软件系统。今天，这两种程序已经在全世界范围获得了广泛应用。FLAC 及 FLAC 3D 是由国际著名学者、英国皇家工程院院士、离散元法的发明人 Peter Cundall 博士在 20 世纪 70 年代中期开始研究开发的面对土木工程、采矿、交通、水利、地质、核废料处理、石油及环境工程的通用软件系统，是美国 Itasca 国际咨询集团公司的软件核心产品。其尤在岩土工程的学术界和工业界赢得广泛的赞誉。

20 世纪 90 年代中期以来，我国开始引进 FLAC 及 FLAC 3D，应用在土建、交通、采矿、水利、地质、核废料处理、石油及环境工程中。下面提供其一般术语简图：

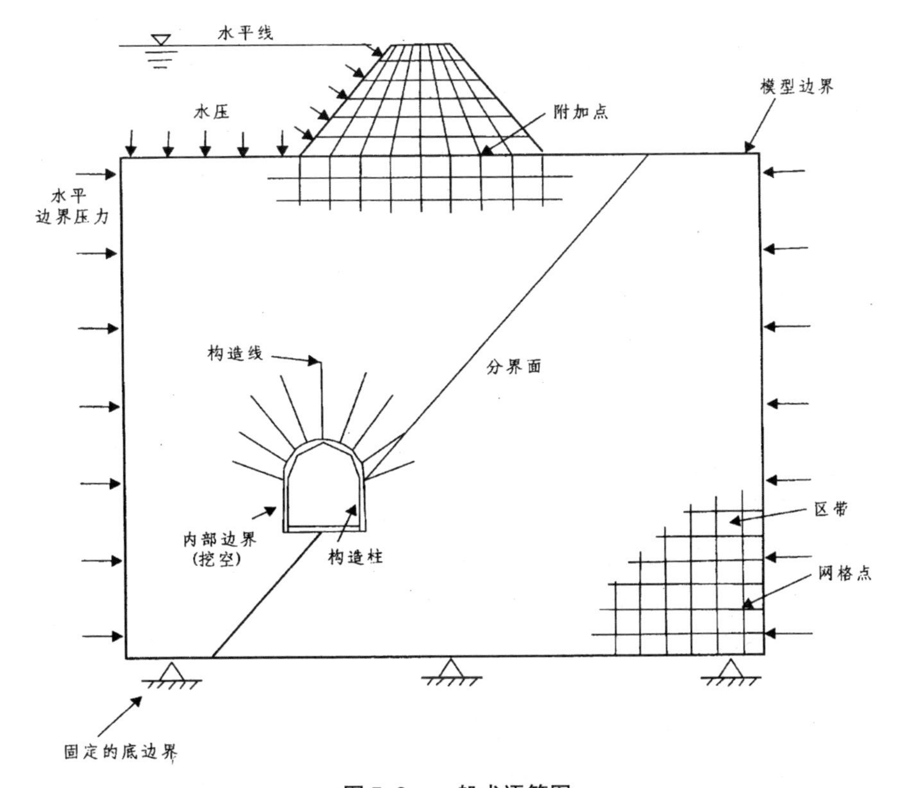

图 5.3　一般术语简图

FLAC 3D 中为岩土工程问题的求解开发了特有的本构模型，总共包含了 10 种材料模型：

（1）开挖模型 null。

（2）3 个弹性模型（各向同性、横观各向同性和正交各向同性弹性模型）。

（3）6 个塑性模型（Drucker - Prager 模型、Morh - Coulomb 模型、应变硬化/软化模型、遍布节理模型、双线性应变硬化/软化遍布节理模型和修正的 Cam 黏土模型)。

(4) FLAC 3D 网格中的每个区域可以给以不同的材料模型，并且还允许指定材料参数的统计分布和变化梯度。还包含了节理单元（也称为界面单元)，能够模拟两种或多种材料界面不同材料性质的间断特性。节理允许发生滑动或分离，因此可以用来模拟岩体中的断层、节理或摩擦边界。

有 5 种计算模式：

(1) 静力模式。这是 FLAC 3D 默认模式，通过动态松弛方法得静态解。

(2) 动力模式。用户可以直接输入加速度、速度或应力波作为系统的边界条件或初始条件，边界可以是固定边界和自由边界。动力计算可以与渗流问题相耦合。

(3) 蠕变模式。有 5 种蠕变本构模型可供选择以模拟材料的应力－应变－时间关系：Maxwell 模型、双指数模型、参考蠕变模型、粘塑性模型、脆盐模型。

(4) 渗流模式。可以模拟地下水流、孔隙压力耗散以及可变形孔隙介质与其间的粘性流体的耦合。渗流服从各向同性达西定律，流体和孔隙介质均被看作可变形体。考虑非稳定流，将稳定流看作非稳定流的特例。边界条件可以是固定孔隙压力或恒定流，可以模拟水源或深井。渗流计算可以与静力、动力或温度计算耦合，也可以单独计算。

(5) 温度模式。可以模拟材料中的瞬态热传导以及温度应力。温度计算可以与静力、动力或渗流计算耦合，也可单独计算。

FLAC 3D 可以模拟多种结构形式：

(1) 对于通常的岩体、土体或其他材料实体，用八节点六面体单元模拟。

(2) FIAC－3D 包含 4 种结构单元：梁单元、锚单元、桩单元、壳单元。可用来模拟岩土工程中的人工结构如支护、衬砌、锚索、岩栓、土工织物、摩擦桩、板桩等。

(3) FLAC 3D 的网格中可以有界面，这种界面将计算网格分割为若干部分，界面两边的网格可以分离，也可以发生滑动，因此，界面可以模拟节理、断层或虚拟的物理边界。

可以有多种边界条件：边界方位可以任意变化，边界条件可以是速度边界、应力边界，单元内部可以给定初始应力，节点可以给定初始位移、速度等，还可以给定地下水位以计算有效应力，所有给定量都可以具有空间梯度分布。

FLAC 3D 具有强大内嵌语言 FISH，使得用户可以定义新的变量或函数，以适应用户的特殊需要，例如，利用 FISH 做以下事情：

（1）用户可以自定义材料的空间分布规律，如非线性分布等。

（2）用户可以定义变量，追踪其变化规律并绘图表示或打印输出。

（3）用户可以自己设计 FLAC 3D 内部没有的单元形态。

（4）在数值试验中可以进行伺服控制。

（5）用户可以指定特殊的边界条件。

（6）自动进行参数分析。

（7）利用 FLAC 3D 内部定义的 FISH 变量或函数，用户可以获得计算过程中节点、单元参数，如坐标、位移、速度、材料参数、应力、应变、不平衡力等。

FLAC 3D 具有强大的前后处理功能：FLAC 3D 具有强大的自动三维网格生成器，内部定义了多种单元形态，用户还可以利用 FISH 自定义单元形态，通过组合基本单元，可以生成非常复杂的三维网格，比如交叉隧洞等。

在计算过程中的任何时刻，用户都可以用高分辨率的彩色或灰度图或数据文件输出结果，以对结果进行实时分析，图形可以表示网格、结构以及有关变量的等值线图、矢量图、曲线图等，可以给出计算域的任意截面上的变量图或等直线图，计算域可以旋转以从不同的角度观测计算结果。

FLAC 3D 的优点：①FLAC 3D 采用了混合离散方法来模拟材料的屈服或塑性流动特性，这种方法比有限元方法中通常采用的降阶积分更为合理。②FLAC 3D 利用动态的运动方程进行求解（即使问题本质上是静力问题也是如此），这使得 FLAC 3D 能模拟动态问题，如振动、失稳和大变形等。③FLAC 3D 采用显式方法求解，对显式法来说，非线性本构关系与线性本构关系并无算法上的差别，对于已知的应变增量，可很方便地求出应力增量，并得到平衡力，可跟踪系统的演化过程。而且，它不储存刚度矩阵，所以模拟时需要时间较少。

FLAC 3D 的缺陷：①对于线性问题，FLAC 3D 要比相应的有限元花费更多计算时间，而对非线性、大变形或动态问题则更有效。②FLAC 3D 的收敛速度取决于系统的最大固有周期与最小固有周期的比值，这使得它对某些问题的模拟效率非常低，耗时多，如单元尺寸或材料弹性模量相差很大的情况。

（1）显式的时程方案

图 5.4 表示了 FLAC 3D 所包含的一般计算过程。这个过程首先调用运动方程从应力和外力导出新的位移和速度。然后根据速度导出应变速率，以及由应变速率得出新的应力。对于循环圈的每一个周期，采用一个时步。每个方框根

据已知值更新了自身的网格变量，而这些已知值在方框操作时保持恒定。方框内应力－应变关系运算时可以将速度值假定为定值，也就是说最新计算的应力不会影响速度。然而，由于所选的时步很小，则信息在如此小的时间间隔里不会从一个单元传到另一个单元。显式方程的核心概念就是计算“波速”总是超前于实际波速，因此方程式一直在计算过程中在保持恒定的已知值上运行，这种方法具有几个显著的优点，最重要的是：即使本构定律是高度非线性的，但是当通过一个单元的应变计算它的应力时，这个过程不需要迭代。

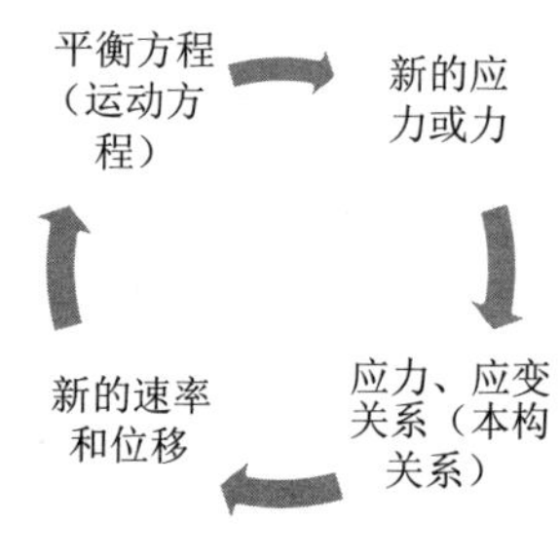

图 5.4　基本显式计算循环

（2）拉格朗日分析

每一次循环都更新坐标，将位置累加到坐标系中，因此，网络与其所代表的材料都发生移动和变形。而对于欧拉方程，材料运动及其变形都是相对于固定网格的，这种更新坐标的方法，就是“拉格朗日方法”。本构方程的每一步运算是小应变的，但是多步以后等效于大应变方程。

拉格朗日方法（FLAC），由质点运动方程求解，又称为动态松弛方法。拉格朗日数值分析方法的基本特点与求解思想，可概括为以下几个主要方面：

（1）连续介质离散为拉格朗日元网格，介质质量集中于单元节点，连续介质转化为多质点体系。

（2）质点体系在质点不平衡力作用下运动。基于牛顿运动定律确定质点加速度，基于对时间的差分确定质点的运动速度、位移，进而确定单元应变与应力。质点不平衡力是作用于质点上的外荷载和单元应力、单元体力产生的等效节点力的合力。

（3）体系的平衡状态通过质点运动达到。在平衡状态下，所有质点的不平衡力为零，质点不再运动。

（4）体系在运动过程中加入充分的阻尼，使质点振动逐渐衰减，并最终停留在平衡位置。

5.3.3　三维快速拉格朗日法基本原理

（1）连续介质力学基本公式如下：

①介质中某个面上的拉应力：

$$t_i = \sigma_{ij} \cdot n_j \tag{5-19}$$

式（5－19）以及下面的公式中，i、j、k 均取 1、2、3，代表空间坐标系下的三个方向；$\{t\}$ 为面上的拉应力；$\{n\}$ 为该面单位外法线矢量；$[\sigma]$ 为该点的应力张量。

②质点应变速率和旋转速率：

$$\xi i_j = \frac{1}{2}\left(\frac{\partial \nu_i}{\partial x_j} + \frac{\partial \nu_j}{\partial x_i}\right) \tag{5-20}$$

$$Q = -\frac{1}{2} e_{ijk} \omega_{jk} \tag{5-21}$$

$$\omega ij = \frac{1}{2}\left(\frac{\partial \nu_i}{\partial x_j} - \frac{\partial \nu_j}{\partial x_i}\right) \tag{5-22}$$

$[\xi]$、$\{Q\}$、$[\omega]$ 分别为质点应变速率张量、质点刚体转动角速度、质点旋转速率张量；$\{\nu\}$ 为质点运动速度；$\{x\}$ 为质点空间坐标；$[e]$ 为变换张量。

③质点运动方程：

$$\frac{\partial \sigma_{ij}}{\partial x_j} + \rho \cdot b_i = \rho \frac{\mathrm{d} \nu_i}{\mathrm{d}t} \tag{5-23}$$

ρ 为介质密度（单位体积质量），$\{b\}$ 为介质单位质量体积力，t 为时间，其他量含义同前面的公式。

④介质本构方程，可表示为下面的形式：

$$\overset{v}{\sigma}_{ij} = H_{ij}(\sigma_{ij}, \xi_{ij}, k) \tag{5-24}$$

$[\overset{v}{\sigma}_{ij}]$ 为基于共同旋转坐标系的应力变化速率张量，$[H]$ 为本构关系函数，K 为记录加载历史的参数。共同旋转坐标系下的应力变化速率与空间固定坐标系下的应力变化速率的关系为：

$$\overset{v}{\sigma}_{ij} = \frac{\mathrm{d}\sigma_{ij}}{\mathrm{d}t} - \omega_{ik}\sigma_{kj} + \sigma_{ik}\omega_{kj} \tag{5-25}$$

$\frac{\mathrm{d}[\sigma]}{\mathrm{d}t}$ 是空间固定坐标系下的应力变化速率。各量的含义同前面公式。

（2）单元应变速率计算

对于三维问题，先将具体的计算对象用六面体单元划分成有限差分网格，每个离散化后的立方体单元可进一步划分出若干个常应变四面体子单元，利用高斯散度定理，单元应变速率可表示为：

$$\xi_{ij} = -\frac{1}{6V}\sum_{l=1}^{4}\left(v_i^{(l)} n_j^{(l)} + v_j^{(l)} n_i^{(l)}\right) S^{(l)} \tag{5-26}$$

式中，$l=1$、2、3、4，代表四面体单元的四个节点或四个面；V 是四面体体积；$v_i^{(l)}$ 是 l 节点 i 方向运动速度；$n_i^{(l)}$ 是 l 面单位外法向矢量的 i 向分量；$S^{(l)}$ 是 l 面的面积。

(3) 应力的计算

应力的增量表达式：

$$\Delta\sigma_{ij} = \Delta\breve{\sigma}_{ij} + \Delta\sigma^{c}_{ij} \tag{5-27}$$

其中 $\Delta\sigma^{c}_{ij}$ 为应力校正项，在小应变模式时不考虑。在大应变模式的应力校正值为：

$$\Delta\sigma^{c}_{ij} = (\omega_{ik}\sigma_{kj} - \sigma_{ik}\omega_{kj})\Delta t \tag{5-28}$$

其中 $\omega_{ij} = -\frac{1}{6V}\sum_{l=1}^{4}\left(v_i^{l} n_j^{l} + v_j^{l} n_i^{l}\right) S^{l}$

这样就可以由初始应力叠加应力增量获得新的应力值，对于区域内标号为 l 的特定四面体，计算应力的方程为：

$$\sigma_{ij}^{[l]} = S_{ij}^{[l]} + \sigma^{z}\delta_{ij} \tag{5-29}$$

其中 σ^z 为：

$$\sigma^{z} = \frac{\sum_{k=1}^{n^l}\sigma^{[k]}V^{[k]}}{\sum_{k=1}^{n^l}V^{[k]}} \tag{5-30}$$

(4) 不平衡力计算

全局节点 l 不平衡力的表达式：

$$F_{(i)}^{(l)} = [[p_l]]^{(l)} + p_i^{(l)} \tag{5-31}$$

其中：

$$p_i^{(l)} = \frac{1}{3}\sigma_{ij} n_j^{(l)} S^{(l)} + \frac{1}{4}\rho b_i V \tag{5-32}$$

对于静态问题，在不平衡力中加入非粘性阻力 $F_{(i)}^{(l)}$。非粘性阻力可以用下式求得：

$$F_{(i)}^{(l)} = -\alpha\left|F_i^{l}\right|\mathrm{sign}(v_{(i)}^{(l)}) \tag{5-33}$$

$$\mathrm{sign}(y) = \begin{cases} 1, 当\ y > 0 \\ -1, 当\ y < 0 \\ 0, 当\ y = 0 \end{cases} \tag{5-34}$$

(5) 速度、位移和坐标计算

利用运动方程：
$$\frac{d v_i^{\,l}}{dt} = \frac{l}{M^{(l)}} F_i^{(l)} \tag{5-35}$$

利用中心差分格式可以得到：
$$v_i^{(l)}\left(t + \frac{\Delta t}{2}\right) = v_i^{(l)}\left(t - \frac{\Delta t}{2}\right) + \frac{\Delta t}{M^{(l)}} F_i^{(l)} \tag{5-36}$$

因此可以利用下式求得位移：
$$\mu_i^{(l)}(t + \Delta t) = \mu_i^{(l)}(t) + \Delta t\, v_i^{(l)}\left(t + \frac{\Delta t}{2}\right) \tag{5-37}$$

节点坐标差分公式为：
$$x_i^{(l)}(t + \Delta t) = x_i^{(l)}(t) + \Delta t \times v_i^{(l)}\left(t + \frac{\Delta t}{2}\right) \tag{5-38}$$

(6) 单元应力

单元应力：
$$\sigma_{ij}(t + \Delta t) = \sigma_{ij}(t) + \sigma_{ij} \tag{5-39}$$

应力增量可表示为：
$$\Delta\sigma_{ij} = \Delta \overset{v}{\sigma}_{ij} + \Delta\sigma_{ij}^{\,c} \tag{5-40}$$

其中 $\overset{v}{\sigma}_{ij}$ 是由本构方程确定的应力增量，$\Delta \sigma_{ij}^{\,c}$ 是大变形条件下的应力增量修正项，有：

$$\Delta\overset{v}{\sigma}_{ij} = H_{ij}(\sigma_{ij}, \Delta\varepsilon_{ij}) \tag{5-41}$$

$$\Delta \sigma_{ij}^{\,c} = (\omega_{ik}\,\sigma_{kj} - \sigma_{ik}\,\omega_{kj})\Delta t \tag{5-42}$$

式中，H_{ij} 是介质本构关系函数，$\Delta \varepsilon_{ij}$ 是应变增量，有 $\Delta \varepsilon_{ij} = \xi_{ij}\Delta t$。

$$\omega_{ij} = -\frac{1}{6V}\sum_{l=1}^{4} v_i^{(l)}\, n_j^{(l)} - v_j^{(l)}\, n_i^{(l)}\, S^{(l)} \tag{5-43}$$

ω_{ij} 是介质刚体旋转速率，其他符号意义同前。

5.3.4　主要计算步骤

表 5-1　岩土工程中数值分析一般步骤

第一步	确定数值分析的目标	第五步	准备运行不同的具体模型
第二步	建立描述实际问题的概念模型	第六步	进行模型的运算
第三步	进行简单的理想化的数值模拟	第七步	分析运算结果
第四步	汇集求解问题的详细数据		

FLAC 3D 对一个模拟中所用的材料数没有限制。这个准则已经尺寸化，允许用户在自己所用版本的 FLAC 3D 中最大尺寸网格的每个区域（假如设定的）使用不同的材料。三维快速拉格朗日法均由运动方程用显式方法求解。即 FLAC 3D 可以容易模拟动态问题，如振动、失稳、大变形等。对显式法来

说，非线性本构关系与线性本构关系并无算法上的差别，对于已知的应变增量，可很方便地求出应力增量，并得到不平衡力，就同实际中的物理过程一样，可以跟踪系统的演化过程。

5.4 再生骨料 CFG 桩复合地基数值模拟

王健等将混凝土块和块石（强度等级大于 C10）合并为一体，命名为 I 类建筑废弃物；将废砖块和砂浆砌体（强度等级小于 C10）合并为一体，命名为Ⅱ类建筑废弃物。由 I 类建筑废弃物经过加工破碎形成的再生骨料称作 I 类再生骨料；由Ⅱ类建筑废弃物经过加工破碎形成的再生骨料称作Ⅱ类再生骨料。由 I 类再生骨料取代石子配制的再生混凝土称作 I 类再生混凝土，由Ⅱ类再生骨料取代石子配制的再生混凝土称作Ⅱ类再生混凝土。CFG 桩是由水泥、粉煤灰、石子三种材料加水拌制而成的，用再生骨料取代石子形成的桩称作再生骨料 CFG 桩，由 I 类再生骨料取代石子形成的 CFG 桩称作 I 类 CFG 桩，由Ⅱ类再生骨料取代石子形成的 CFG 桩称作Ⅱ类 CFG 桩。

模型中的桩采用软件中的桩单元模拟。桩单元是梁单元加介质或者锚索相互作用的联合体，可以有塑性矩，但没有轴向屈服。可以考虑法向应力对桩身或者介质的摩擦效应，模拟排桩之间土体相互作用的三维效应，可相互连接也可以与介质连接在一起。

其中桩单元的法向和切向刚度：$10 \times \max\left[\dfrac{(k + \frac{4}{3}G)}{\Delta Z_{\min}}\right]$桩单元考虑了下述参数的尺度效应：（1）桩的弹性模量；（2）桩的塑性矩；（3）切向耦合弹簧的刚度；（4）切向耦合弹簧的黏结强度；（5）法向耦合弹簧的黏结刚度；（6）法向耦合弹簧的黏结/抗拉强度；（7）桩暴露周长（孔周长）。

5.4.1 计算模型

单桩问题的研究是研究此类桩复合地基的基础，单桩模型简单，各影响因素之间相互干扰较少，能直接反应各影响因素的作用，有利于加深对复合地基沉降性能的理解。

模型范围：计算域在 xy 平面以 15.5m × 15.5m，z 方向 16.5m 的范围作为单桩研究对象，桩居于土体中心。

地质概化模型：考虑地层单元参数取值的方便，取土体为粉质黏土并加入褥垫层和筏基。用 FLAC 3D 中实体单元模拟土体、垫层、筏基，用结构单元桩单元（pile）模拟桩段。筏基和垫层间模量相差较大，需加入 FLAC 3D 中接触面单元（interface）以加速收敛。桩单元（pile）中已经结合了接触面单元（interface）以考虑桩土相对位移。本次计算中，共划分了 29818 个单元，32816 个节点，32 个结构单元。2G 内存、双核处理器的计算机，每计算一种情况要耗时 11 小时左右。

边界条件：根据对称性，本次计算模型在周边及底部施加约束边界。

初始地应力：按自重应力场考虑。

实际的桩与土是很复杂的，因此，要对模型进行简化，但要尽可能使模型与理论和实际情况相符合，所以在模拟的模型中，主要做了如下的假定：

（1）假定土体、褥垫层均为理想弹塑性体，采用 Mohr – Coulomb 模型。

（2）假定建筑废弃物做骨料 CFG 桩体、承台为线弹性体，符合广义虎克定律。

（3）假定在垂直荷载作用下，土与桩有共同的位移场。

（4）同一种材料为均质、各向同性体。

（5）鉴于桩体和土体材料相差甚远，在两者接触处采用接触面单元来模拟其相互作用。

根据上面条件，建立如图 5.5 和 5.6 计算模型。

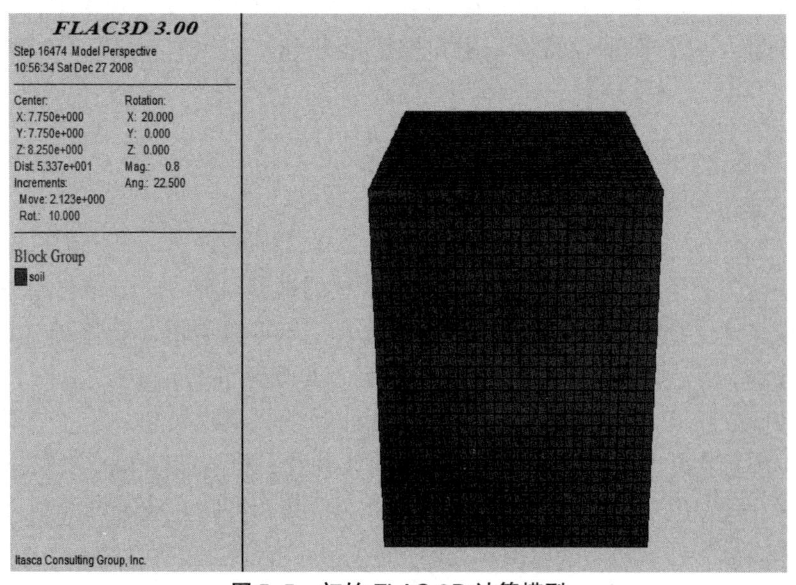

图 5.5　初始 FLAC 3D 计算模型

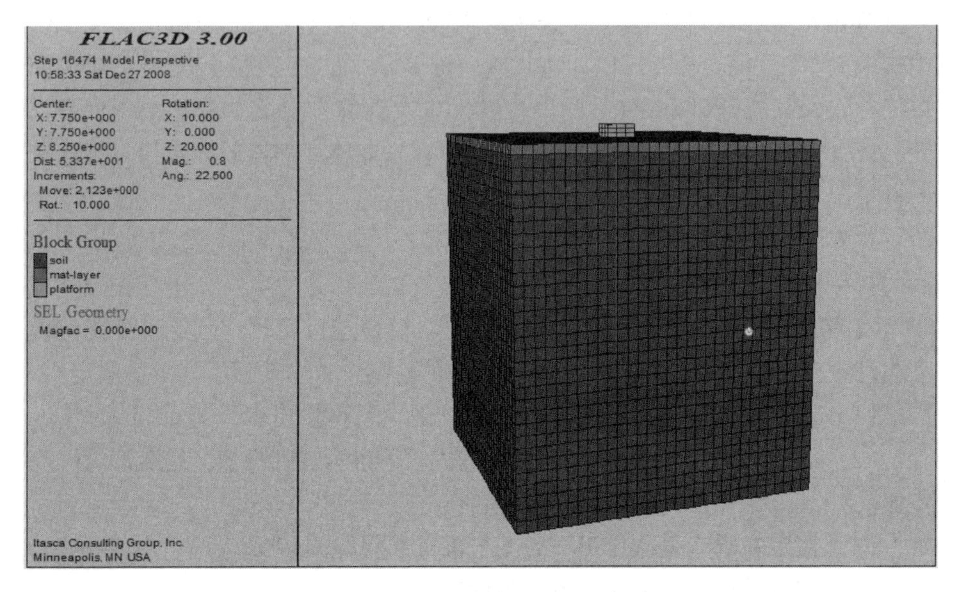

图5.6　加桩、垫层、筏基计算模型

5.4.2　模型参数

在FLAC 3D程序中，岩土体变形的变形参数采用的是剪切模量（G）和体积模量（K），而不是直接采用弹性模量E和泊松比ν。它们的转换关系如下：

$$G = \frac{E}{2(1+\nu)} \tag{5-44}$$

$$K = \frac{E}{3(1-2\nu)} \tag{5-45}$$

王健等做了建筑废弃物再生骨料CFG桩的试验研究。本节结合相关文献研究成果建立相关模拟参数，再生骨料选自于某办公楼混凝土基础（I类建筑废弃物，其强度等级小于C25）和砖墙（Ⅱ类建筑废弃物），分别将其粉碎至20mm以下，并将小于5mm的颗粒剔除。将混凝土块和块石（强度等级大于C10）合并为一体，命名为I类建筑废弃物；将废砖块和砂浆砌体（强度等级小于C10）合并为一体，命名为Ⅱ类建筑废弃物。建筑废弃物再生骨料与天然骨料性能对比参数如表5－2所示。

表5-2　再生粗骨料与天然骨料基本性能比较

骨料类型	粒径范围/mm	堆积密度/kg/m³	表观密度/kg/m³	吸水率/%	自然含水率/%	含泥量/%	针片含量/%	压碎指标/%
天然骨料	5~31.5	1457	2788	0.26	3.4	0.8	1.84	3.82
再生骨料	5~31.5	1280~1286	2449~2520	6.04~6.25	3.2	2.4	3.66	12.4~15.2

土体、褥垫层、桩体等相关参数，如表5-3和表5-4。

表5-3　垫层、土体材料有关参数

指标	垫层	黏土
天然重度/kg·m^{-3}	2000	1750
变形模量/MPa	100.0	4.17
泊松比	0.25	0.25
体积模量/MPa	66.70	33.33
剪切模量/MPa	40.00	20.00
内聚力 KPa	0.0	30.00
摩擦角	45.00	0.0
FLAC 3D	Mat-lay	soil

表5-4　CFG桩、基础有关参数

	指标	Ⅰ类CFG桩	Ⅱ类CFG桩	基础
物理指标	单位体积质量/kg·m^{-3}	2421	2321	2500
	直径/mm	400	400	/
	桩长/m	10.7	10.7	/
	杨氏模量/MPa	9300	6975	22752
	泊松比	0.20	0.20	0.20
	剪切模量/MPa	3875	2906.25	9480
	体积模量/MPa	5166.67	3875	10800

5.4.3 竖向荷载作用下单桩的力学特性

（1）桩轴力随荷载变化规律

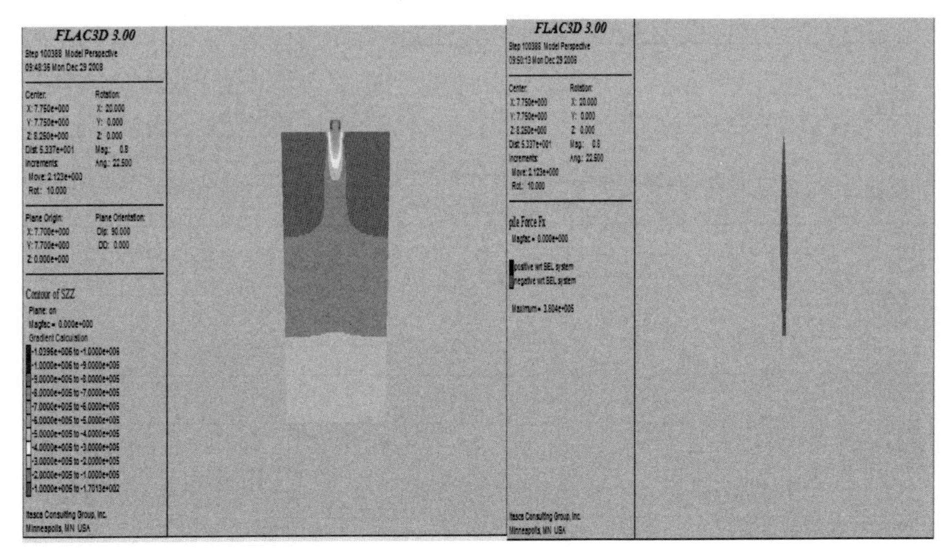

图 5.7　竖向正应力分布与桩轴力分布

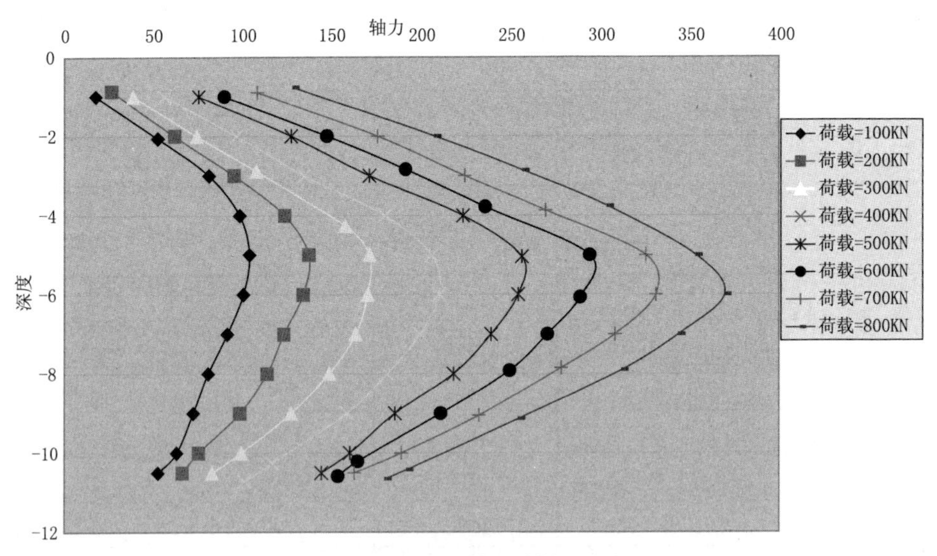

图 5.8　不同荷载的桩轴力分布

由于褥垫层的存在，从加荷载开始就存在一个负摩阻区。加载后，桩的沉降量较少，土的沉降量大，产生负摩阻力，如图 5.9 所示，使得桩身轴力随着埋深不断增大。随着埋深增大，桩的位移和土的位移相等，该点称为中性点。如图5.9所示，中性点在桩中点以下；中性点以下桩的位移大于土的位移，土对桩产生的是正摩阻力，相应桩身轴力随埋深增大而减小，桩身轴力随荷载增加而增大。

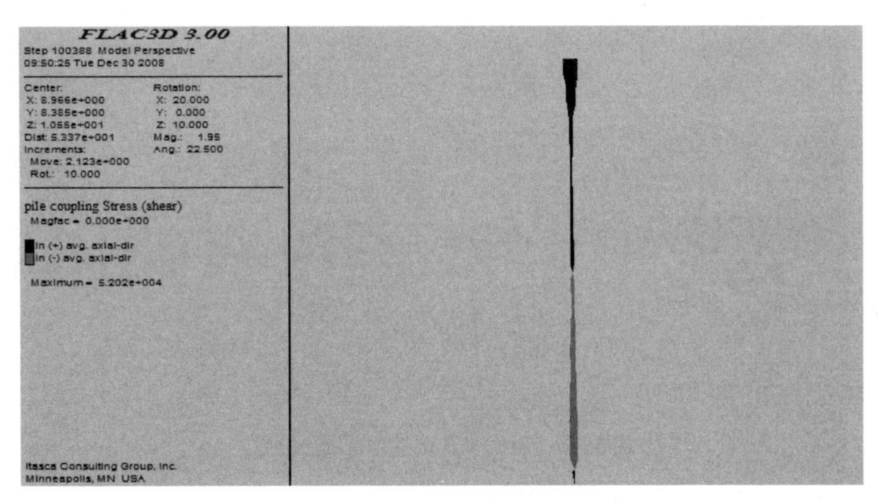

图5.9　桩身摩阻力示意图

（2）桩身轴力随褥垫层厚度变化规律

图5.10是桩长10.5m，在500kN荷载作用下，不同褥垫层厚度所对应的轴力分布图。模拟结果表明褥垫层厚度在10cm、60cm、70cm、80cm其桩轴力较小，在20cm、30cm、40cm、50cm厚度下，桩轴力较大；桩轴力最大所对应的褥垫层厚度是40cm。桩身轴力最大部位不在桩顶，而在桩5m到7m之间。这是由于褥垫层的存在，使得桩间土也承受相当一部分上部荷载，并且在某一深度范围内，桩间土的位移大于桩的位移，对桩身产生负摩阻力，因此桩轴力最大值出现在桩顶下一定深度范围内。褥垫层技术是CFG复合地基的一个核心技术，也是建筑废弃物作骨料CFG复合地基的一个核心技术，复合地基的许多特性都与褥垫层有关。褥垫层厚度过小，桩对基础将产生很显著的应力集中，如果褥垫层厚度等于0时，就和桩基础一样了。随着褥垫层厚度增大，应力集中也就不明显。由于褥垫层厚度过小，导致桩间土承载能力不能充分发挥；而褥垫层厚度过大，会导致桩、土应力比等于或接近1，对减少沉降量没有多少帮助，此时桩承载的荷载太少，实际上复合地基中桩的设置已失去了意义。

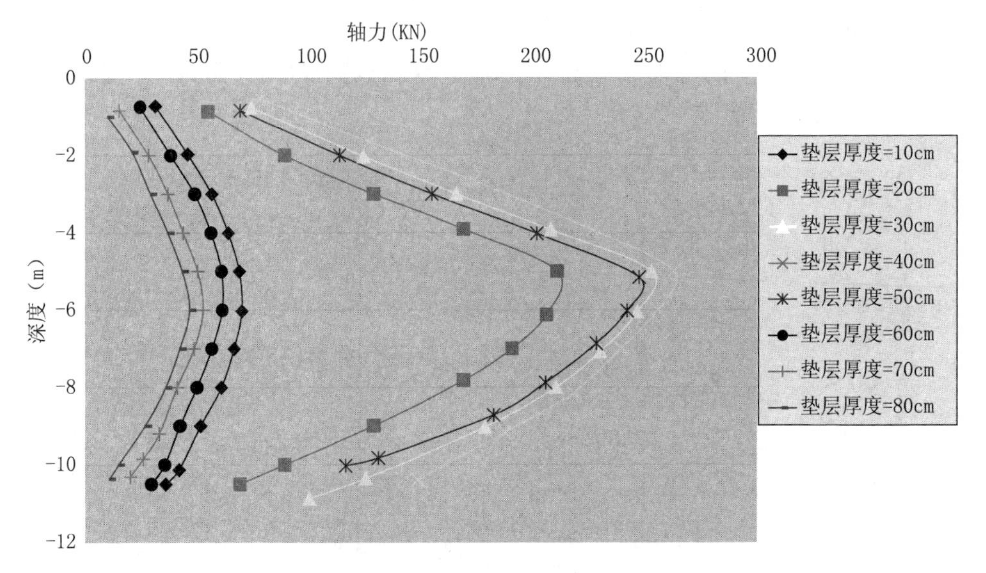

图 5.10　不同垫层厚度的桩轴力分布

（3）桩身摩阻力随褥垫层厚度变化规律

图 5.11 是桩身摩阻力随褥垫层厚度变化分布图。垫层厚度在 10cm、20cm、60cm、70cm 和 80cm 时，产生的负摩阻力较小，或几乎不产生负摩阻力；垫层厚度在 30cm、40cm 和 50cm 时，很明显产生较大的负摩阻力，其中性点在桩身中点附近。垫层厚度过小，桩土应力比很大，垫层不能起到保证桩、土共同承担荷载的作用；垫层厚度过大，则桩发挥的作用变小，失去了主要功能。合理的垫层厚度能保证一部分荷载通过褥垫层作用在桩间土上，所产生的负摩阻力是有益的。

（4）桩土应力比随荷载和垫层变化规律

荷载在 100kN～200kN 时，桩土应力比在 2～4 之间，荷载在 200KN 之后，桩土应力比曲线呈上升形态，即桩土应力比随荷载的增加而增大。荷载增加时，桩应力增大，土应力也增大，但是桩应力较土应力增长快，所以桩土应力比随荷载增加而增大。由图 5.13 可知，桩土应力比在垫层厚度 10cm 时为 13；垫层厚度在 20cm 到 50cm 时，桩土应力比在 6～8 之间，垫层厚度在 50cm 以上，桩土应力比逐渐变小。垫层较小时，桩分担了大部分上部荷载，故桩土应力比较大，随着垫层厚度的增大，桩间土承担上部荷载的比例增大，故桩土应力比减小。

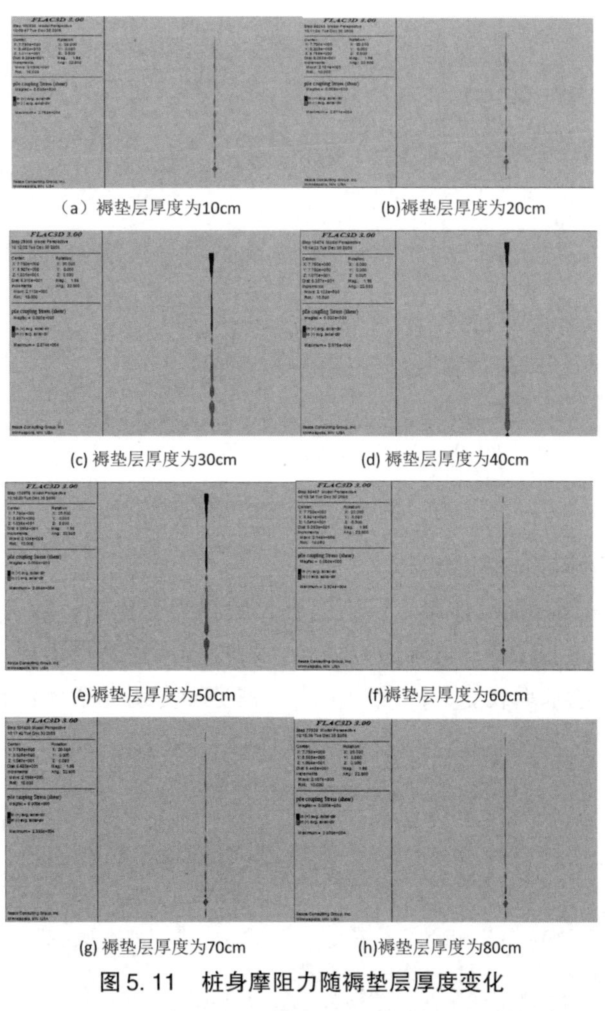

（a）褥垫层厚度为10cm　　(b)褥垫层厚度为20cm

(c) 褥垫层厚度为30cm　　(d) 褥垫层厚度为40cm

(e)褥垫层厚度为50cm　　(f)褥垫层厚度为60cm

(g) 褥垫层厚度为70cm　　(h)褥垫层厚度为80cm

图 5.11　桩身摩阻力随褥垫层厚度变化

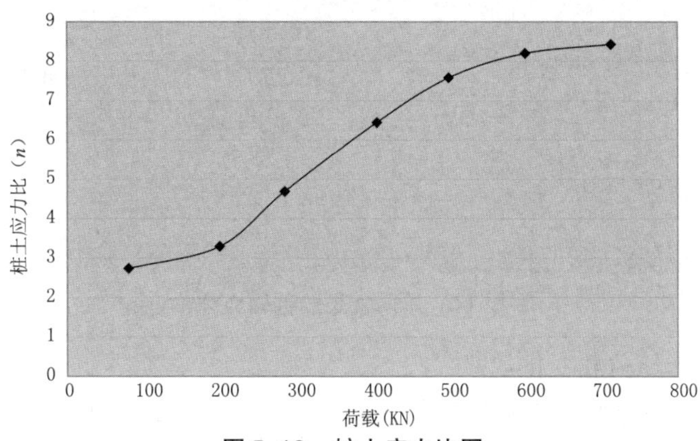

图 5.12　桩土应力比图

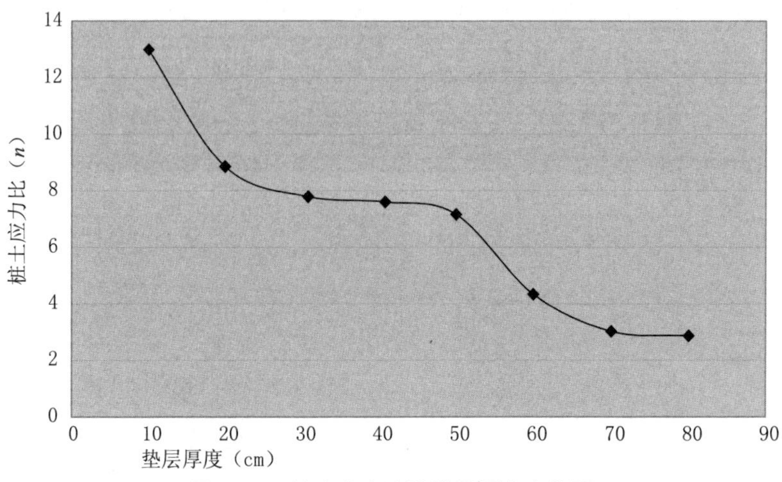

图 5.13 桩土应力比随垫层厚度变化图

（5）轴力随桩长变化规律

图 5.14 是同一荷载作用下，不同桩长的轴力变化图。随着桩长的增大，最大桩轴力点向下移动，桩轴力也增大。若桩端未落在持力层，增大桩长将有效提高复合地基承载能力，减少沉降，桩身轴力明显增大；若其落在持力层上，增大桩长对复合地基的受力和变形影响不显著。

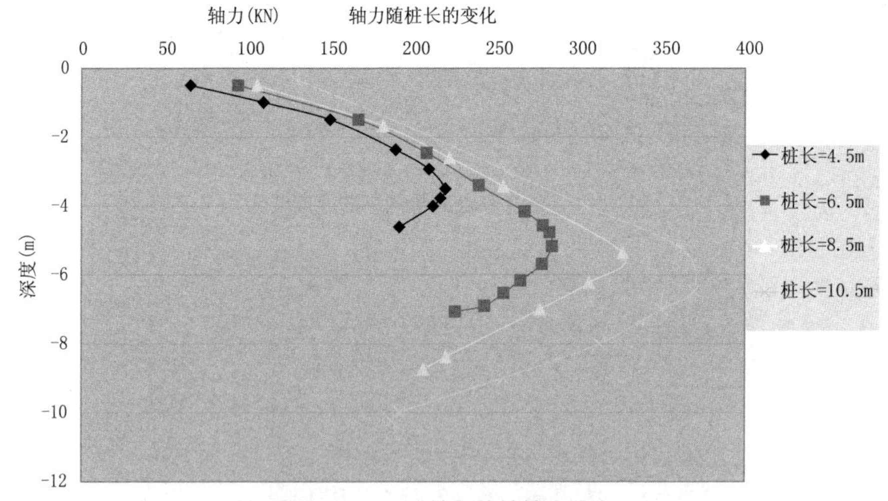

图 5.14 不同桩长的桩轴力分布

（6）沉降随荷载变化规律

在相同的垫层厚度和桩长等条件下，桩位移随荷载变化曲线图如图 5.15 所示，图中表明位移随荷载的增加而增大，没有明显的拐点。

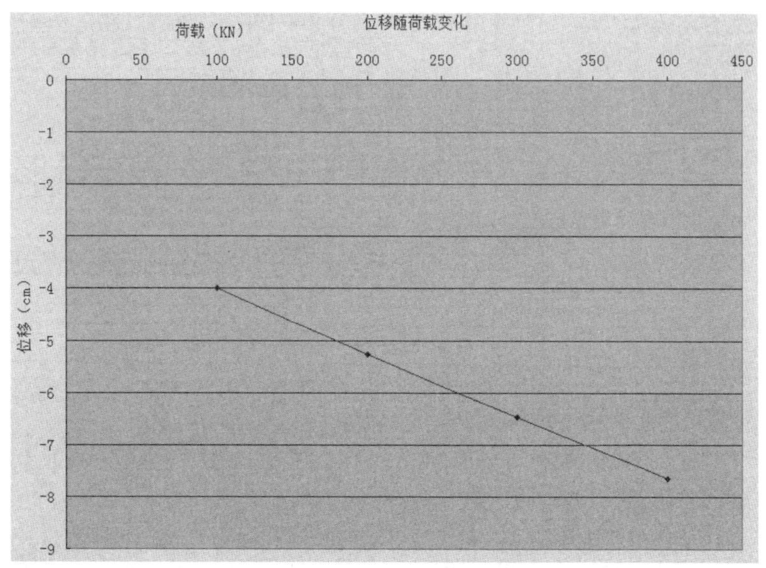

图5.15 位移随荷载位移曲线

（7）单桩内力分布

从图5.16～图5.20可以看出桩正应力分布总的趋势是，荷载对加固区以外的土体应力分布影响很小，在桩的顶部和底部有较大的负摩擦区，这和桩在这些位置有应力集中是相对应的，在加固区水平应力有减少的趋势。发生塑性变形的区域主要是垫层和桩周土。

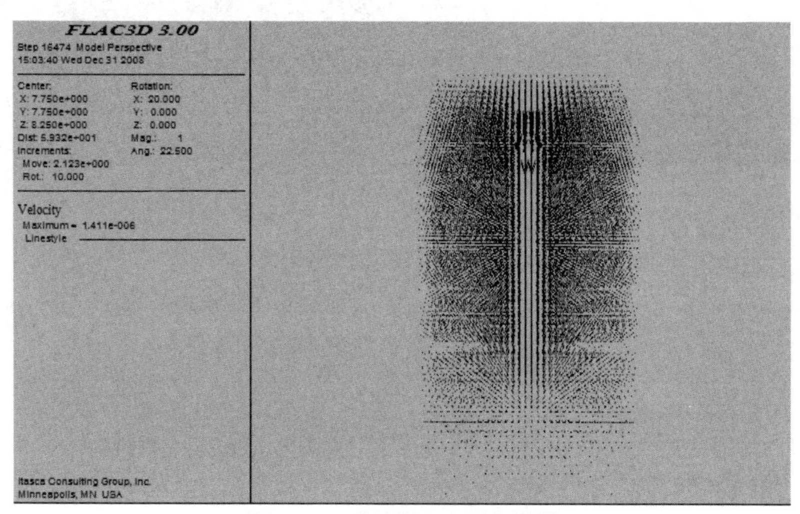

图5.16 单桩竖向变形矢量图

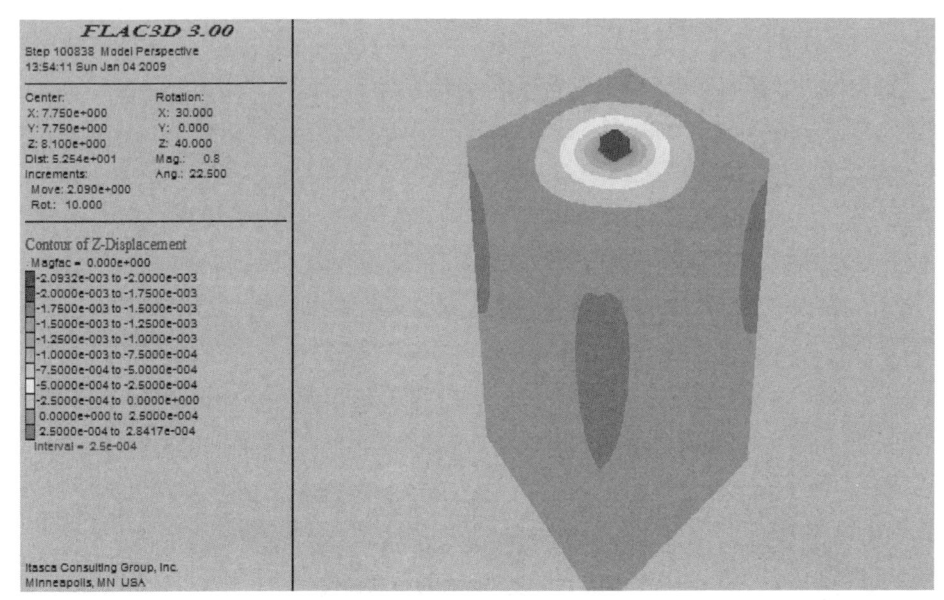

图 5. 17　单桩竖向变形位移云图

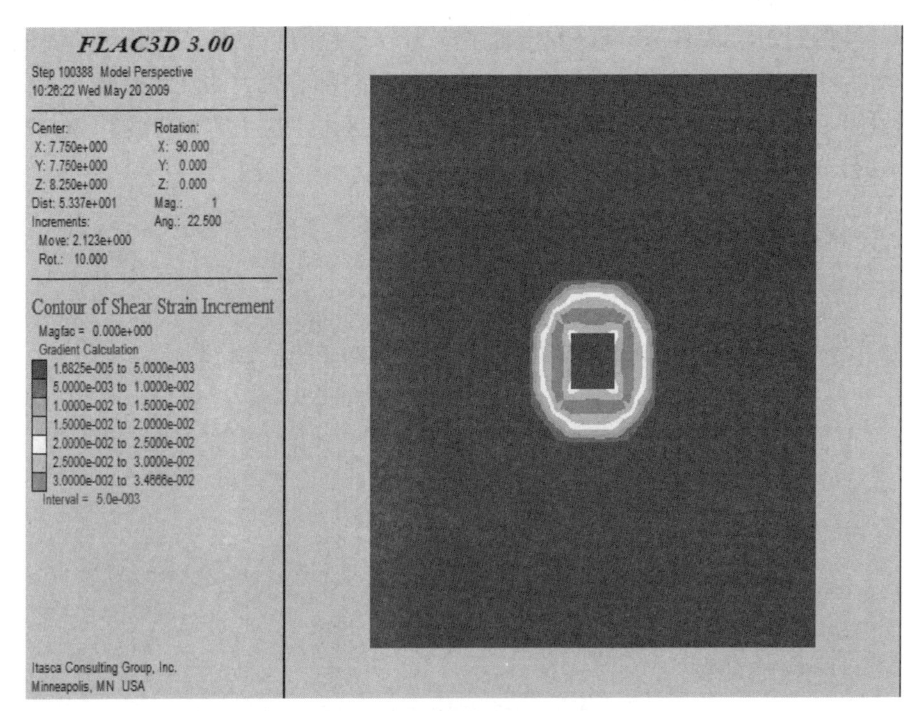

图 5. 18　桩顶滑移面云图

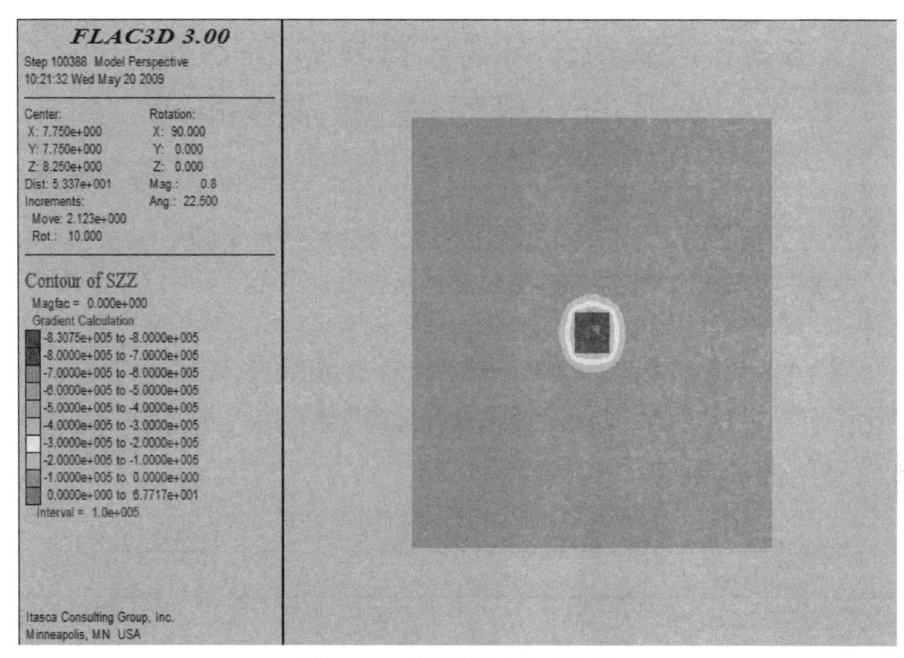

图 5.19　桩顶面竖向应力云图

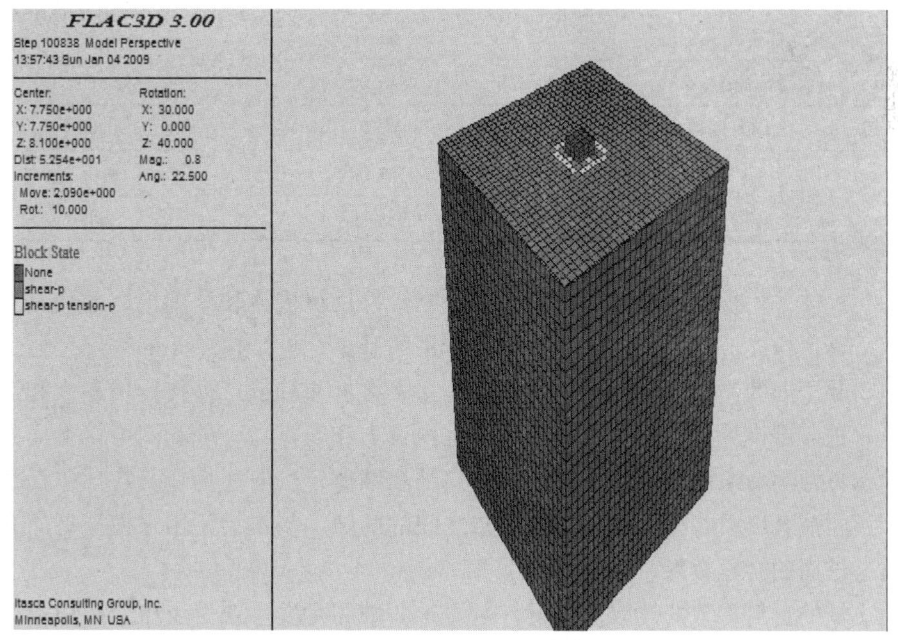

图 5.20　单桩塑性区变化图

5.5 用建筑废弃物作骨料的 CFG 桩与常规 CFG 桩的对比模拟分析

5.5.1 模型建立

参考上节相关模型，目标模型为复合地基土和建筑废弃物再生骨料 CFG 桩体，地基土是塑性体，模拟时选用莫尔 - 库仑准则，桩体为弹性体。建模范围选为单桩的影响范围，模型的顶面是一个自由面，选取 15m × 15m × 25m 的土体范围作为计算域，约束条件为计算域四周采用水平方向约束，底部采用竖直方向约束。土具体参数如表 5 - 5。

表 5 - 5　垫层、土体材料有关参数

指标	垫层	黏土
天然重度/kg · m^{-3}	2000	1750
变形模量/MPa	100. 0	4. 17
泊松比	0. 25	0. 25
体积模量/MPa	66. 70	33. 33
剪切模量/MPa	40. 00	20. 00
内聚力 kPa	0. 0	30. 00
摩擦角	45. 00	0. 0
FLAC 3D	Mat - lay	soil

桩体采用桩结构单元模拟。桩单元能较好反映桩体和周围土体的相互作用，其适合模拟法向和轴向都有摩擦作用的基桩。桩结构单元的作用是通过剪切和法向的连接弹簧来实现的。耦合弹簧在桩和桩节点栅格处传递力和运动。桩 - 栅格界面的剪切响应本质上是内聚力和摩擦力。桩和网格接触面的剪切特性类似水泥浆锚索系统的自然黏结和摩擦。法向连接弹簧特性包括模拟反向荷载以及在桩和岩土介质网格之间的间隙，基本上是用来模拟桩周介质对桩周的挤压效果。

桩的材料参数的选取。假设桩 - 岩土的破坏是发生在岩土中，剪切耦合弹簧摩擦角和剪切耦合弹簧的黏结强度的底限与岩土的内摩擦角和岩土粘聚力乘以桩的周长有关，此处取 10^0 和 0^0。桩单元的具体参数见表 5 - 6。

表 5－6　桩、基础有关参数

	指标	Ⅰ类 CFG 桩	Ⅱ类 CFG 桩	常规 CFG 桩	基础
物理指标	单位体积质量/kg · m^{-3}	2421	2321	2500	2500
	直径/mm	400	400	400	/
	桩长/m	10. 7	10. 7	10. 7	/
	杨氏模量/MPa	9300	6975	12000	22752
	泊松比	0. 20	0. 20	0. 20	0. 20
	剪切模量/MPa	3875	2906. 25	5000	9480
	体积模量/MPa	5166. 67	3875	6666. 67	10800

这里考虑了桩端作用和没有桩端作用这两种情况。建立的模型如图 5. 21。

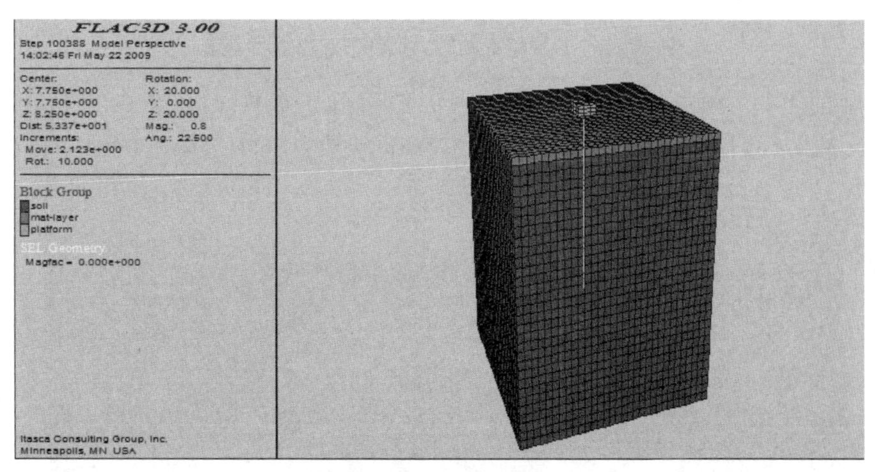

图 5. 21　计算模型

5. 5. 2　计算结果分析

桩基础通过两种方式将轴向荷载传递到地下：桩周表面摩擦和桩端承载。这两种方式加固地基的效果如图 5. 22 所示。

图 5. 22 中 a 图是具有桩端力的轴力的顶部节点垂直位移图，主要是靠桩周表面摩擦力和桩端力承担荷载，桩底应力集中很明显；图 5. 22 中 b 图是没有桩端力的轴力的顶部节点垂直位移图（桩端轴力对比图如图 5. 23），其桩主要是靠桩周表面摩擦力。对比 a、b 两图可知，具有桩端力的轴力比无桩端力的轴力要大很多，无桩端力限制的轴力是 239. 7kN，而包括桩端力时，其

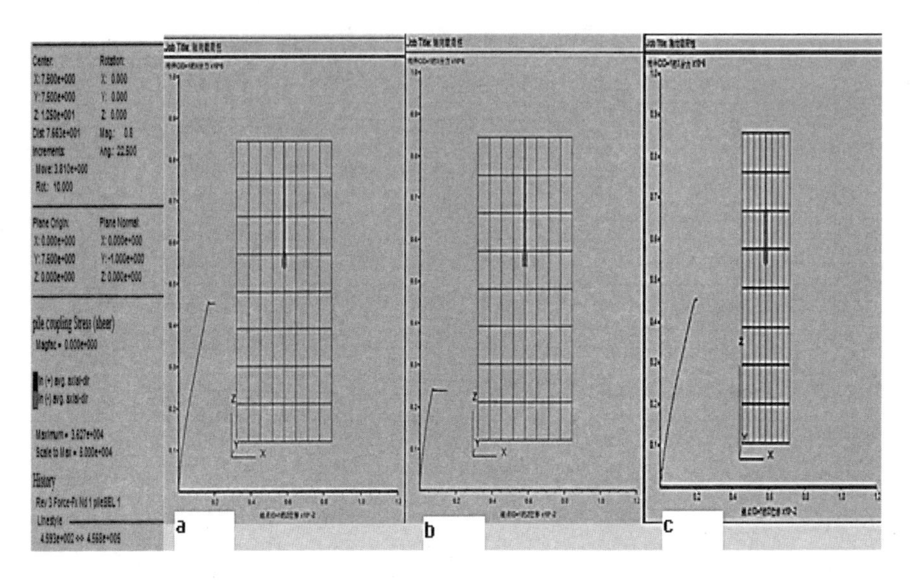

图 5.22　各种情况的轴力顶部节点垂直位移图

限制轴力是 454.2kN。从图 5.22 中 c 图可知，常规 CFG 桩的承载力为 454.3kN（包括了桩端作用），与建筑废弃物再生骨料 CFG 桩的轴力相比，常规 CFG 桩的轴力略大。

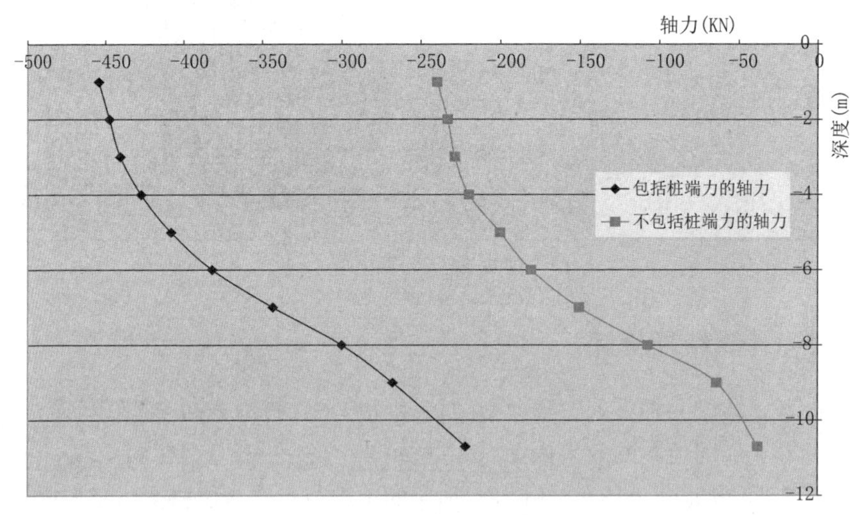

图 5.23　轴力分布图

图 5.23 显示了轴力分布主要在最顶端，由于有部分负摩阻力对桩的承载作用，导致分配到土体上的压力又在一定程度上转移到桩上，使其轴力慢慢减少。如此对减少土的塑性变形和破坏起着积极作用，也有利于桩承载力的

发挥，且不会像传统桩基础一样沉降过大或破坏。桩端承载力发挥了较大的作用。

图 5.24 中，I 类 CFG 桩的轴力接近常规 CFG 桩的轴力，Ⅱ类 CFG 桩的轴力比常规 CFG 桩的轴力要小 100kN 左右。若用 I 类 CFG 桩来代替常规 CFG 桩是可行的；Ⅱ类 CFG 桩的承载力也不低，在实践中也有一定的适用范围。从图 5.25 可看出，桩土应力比随荷载增大而增大，直至荷载在 600kN 时，应力比在 10 附近趋于稳定。

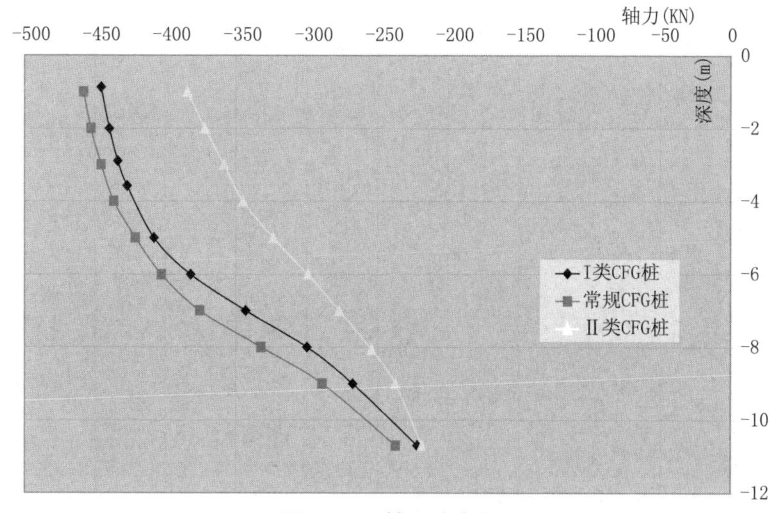

图 5.24　轴力分布图

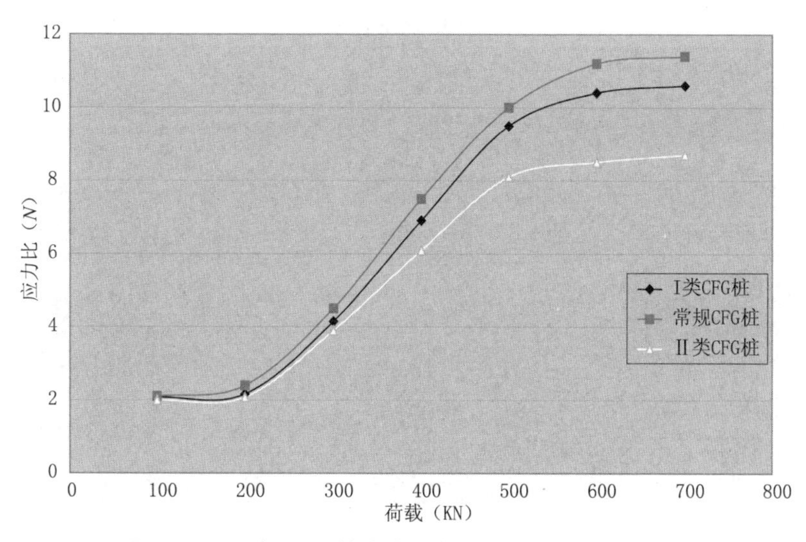

图 5.25　三类 CFG 桩的桩土应力比随荷载变化对比图

桩的模量比土的大，桩的位移小，土的位移大，桩顶褥垫层的粒料向桩间土充填，使得土体和褥垫层始终保持接触，桩土始终共同受力。I 类 CFG 桩的模量和常规 CFG 桩的模量相近，故桩的位移相近；Ⅱ类 CFG 桩的模量较小，其桩的位移比 I 类 CFG 桩和常规 CFG 桩要大，如图 5.26。

常规 CFG 桩与 I 类 CFG 桩的桩间土位移相近，故桩土相对位移也相近；Ⅱ类 CFG 桩的桩间土压力要比前两者略小，如图 5.27。

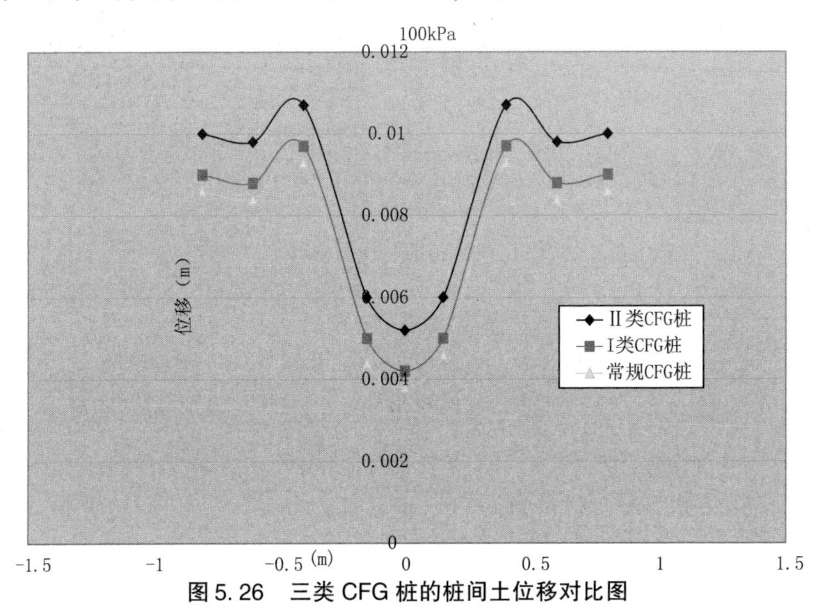

图 5.26　三类 CFG 桩的桩间土位移对比图

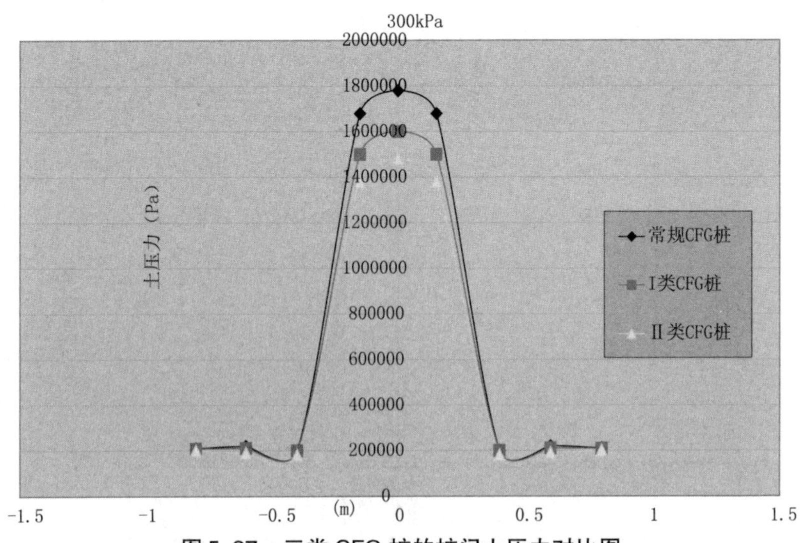

图 5.27　三类 CFG 桩的桩间土压力对比图

5.6　工程应用

本工程是广州市装饰工程有限公司某办公楼CFG复合地基处理工程。该办公楼层高为6层，板底标高位于-2m，桩顶标高位于-2.3m左右。本次设计CFG桩采用长螺旋高压灌注桩，桩长26m，到基岩面的以打到基岩面为止，有效桩长为20~26m，采用C20素砼，成桩400mm。

根据工程地质勘察报告，地基土层自地表向下依次为素填土、粉质黏土层、中（粗）砂层、粉质黏土层、中粗（砾）砂层等。按照《建筑桩基技术规范》相关规定，地基土层的各项指标取值如表5-7所示。

表5-7　地基土层的各项指标取值

土层	q_{sk}（kPa）	f_k（kPa）
素填土层	10	30
粉质黏土层	35	180
中（粗）砂层	40	170
粉质黏土层	25	150
中粗（砾）砂层	35	150
粉质黏土层	22	130
粉（细）砂层	11	100
粉质黏土层	21	110
黏土层	18	80
粉质黏土层	19	100
微风化灰岩	$q_{pk}=4000$kPa	

表5-8　地基土主要物理力学性质指标建议值

土层名称	重度 $\gamma/kN/m^3$	压缩模量 E_S/MPa	变形模量 E_0/MPa	内聚力 C/kPa	内摩擦角 $\varphi/^0$
素填土层	18.5	3.83	/	/	/
粉质黏土层	19.5	6.0	/	30	15
中（粗）砂层	19.5	13.8	/	/	/
粉质黏土层	19.0	5.5	/	20	10

续表

土层名称	重度 γ/ kN/m³	压缩模量 E_S/MPa	变形模量 E_0/MPa	内聚力 C/kPa	内摩擦角 φ/⁰
中粗（砾）砂层	18.5	5.0	/	10	25
粉质黏土层	18.7	5.2	/	18	10
粉（细）砂层	19.0	13.0	/	/	/
粉质黏土层	18.5	5.0	/	15	9
黏土层	18.1	4.65	/	35.1	9
粉质黏土层	18.0	4.9	/	13	8
微风化灰岩	$q_{pk}=4000$kPa				

根据土的物理指标与承载力参数之间的关系，CFG 桩单桩承载力特征值：

$$R_{ck}=u\sum q_{ski}L_i+\alpha q_{pk}\cdot A_p \tag{5-46}$$

式中：q_{ski}为桩侧第 i 层土的摩阻力特征值；q_{pk}为桩端土的端阻力特征；α 为桩端土承载力折减系数；u 为桩周长；Ap 为桩截面积；L_i为桩穿越第 i 层土的厚度。根据上式可计算出 CFG 桩单桩承载力特征值为 720kN。

何结兵等根据太沙基基本理论，详细讨论了 CFG 桩复合地基褥垫层作用机理，并推导出 CFG 桩复合地基最佳垫层厚度的解析表达式。表达式如下：

$$H=H_f=L'\frac{\cos\varphi}{\exp\left[\left(\frac{3\pi}{4}-\frac{\varphi}{2}\right)\tan\varphi\right]\cos\left(\frac{\pi}{4}-\frac{\varphi}{2}\right)}\exp\left(\frac{\pi}{2}\tan\varphi\right) \tag{5-47}$$

式中 L' 是滑动区域长度，其他参数见图 5.28 所示。利用式（5－46）求解出垫层最佳厚度在 30～50cm。

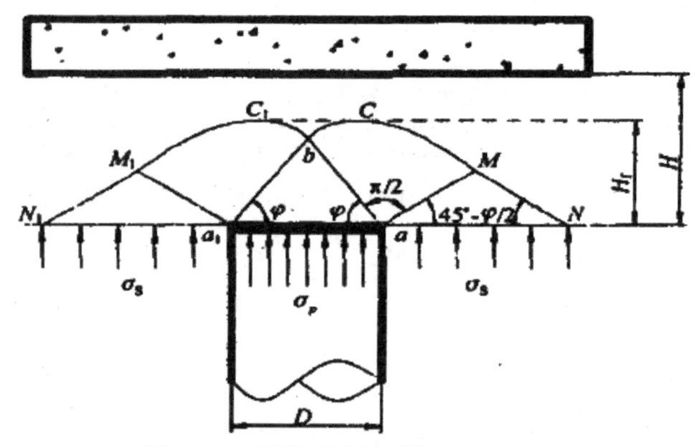

图 5.28　褥垫层中滑动面（$H>H_f$）

模型中褥垫层、桩体和基础等相关参数参照本节模拟部分相关参数。图 5.29 是把 CFG 桩的骨料换为建筑废弃物时的桩轴力图。其模拟的桩承载力为 718.5kN，与实测中的 CFG 桩单桩承载力相比，少了 1.5kN，模拟结果比较符合实测值。

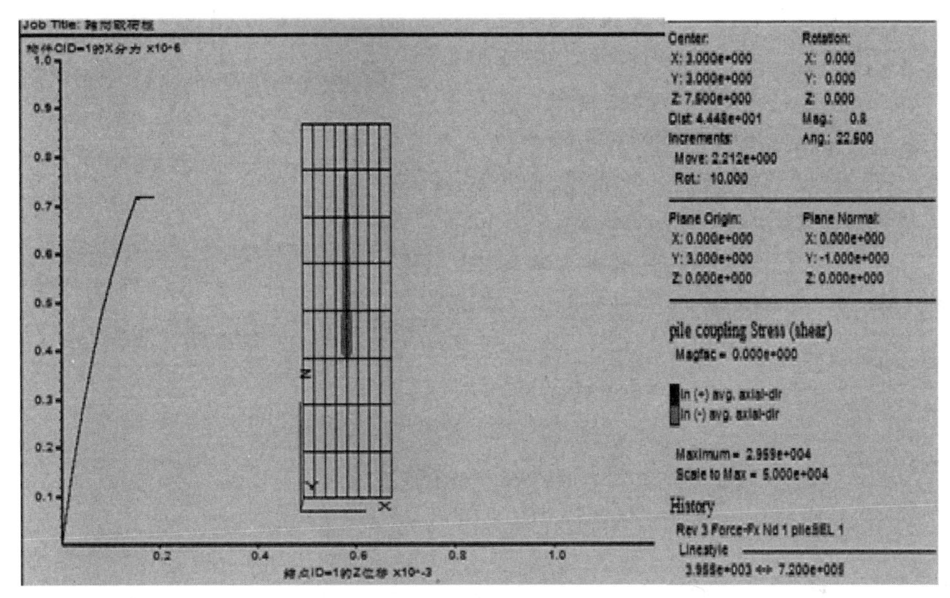

图 5.29　桩轴力图

模拟结果表明：建筑废弃物作骨料 CFG 桩模拟时，模型选用 Mohr - Coulomb 模型是较为合理的；桩轴力随荷载的增加而增大，有较大的承载力；由于褥垫层的存在，从一加荷载开始就存在一个负摩阻区；垫层厚度在 20cm、30cm、40cm、50cm 厚度下，桩轴力较大，桩轴力最大所对应的褥垫层厚度是 40cm，其结果与公式计算出来的结果较为接近；桩土应力比随荷载的增加而增大，其随褥垫层厚度的增大而减小，合理的褥垫层厚度能较好发挥桩、土共同作用，模拟结果显示褥垫层厚度在 40cm 较为合理；位移随荷载的增加而增大，没有明显的拐点。因此，可得出以下结论：

（1）Ⅰ类 CFG 桩和Ⅱ类 CFG 桩模拟的轴力，与常规对应单桩承载力特征值很相近。建筑废弃物骨料的 CFG 桩的数值模拟与室内试验值较相近，说明这种数值模拟方法是可行的。

（2）Ⅰ类 CFG 桩的轴力接近常规 CFG 桩的轴力，Ⅱ类 CFG 桩的轴力比常规 CFG 桩的轴力要小 100kN 左右。在适用范围上，Ⅰ类 CFG 桩与常规的 CFG 桩相近；Ⅱ类 CFG 桩比常规 CFG 桩适用范围要小。在工程实践中，应充分发挥桩端承载力，以提高桩的承载力。

（3）建筑废弃物再生骨料的坚固性较好，再生骨料替代新鲜石子形成的再生混凝土的强度损失很小，模量损失20%左右，建筑废弃物做CFG桩的骨料是可行的。

（4）建筑废弃物作骨料在CFG桩的应用在灾后重建、旧城改造等类工程中发挥重要作用。我国旧建筑物拆除废弃物占城市垃圾的10%～20%，比如四川汶川大地震中产生的建筑废弃物为3亿吨左右。如何充分利用建筑废弃物，提高建筑废弃物的资源化利用率，减少废弃物的产生和排放，是发展循环经济所需要解决的重要现实问题。

第6章　建筑废弃物在渣土桩和扩底桩中的应用研究

建筑废弃物减量化、资源化可体现在桩基填料上，也可体现在渣土桩和扩底桩上，是建筑废弃物再生利用的典型代表。渣土桩利用工程渣土与生石灰按一定比例混合后夯击而成，混合料中含有块状垃圾，再通过夯击强制压缩或振密土体来提高地基强度，综合了换填、强夯、挤密和排水固结的特点，对处理杂填土、粉土、黏土、湿陷性黄土有良好的效果。扩底桩可把垃圾夯入桩端形成扩大头，作为人造持力层，通过钢筋混凝土桩身的传力作用承受上部荷载，可处理松散填土，各种状态下的砂性土、粉土，软塑以上的黏性土、湿陷性黄土、有机质土等。

6.1　建筑废弃物应用于渣土桩

6.1.1　地基加固原理

建筑渣土桩是利用重锤冲孔，在坑中填充建筑废弃物（一般为碎砖和生石灰的混合料或原槽土和石灰拌成的三七灰土）后分层夯实至浅孔被填满，使之形成的坚实短柱体与地基土共同组成复合地基，如图6.1。最后在顶部铺设一层由碎砖、碎混凝土组成的垫层，使地面荷载均匀地传递到桩上。

渣土桩主要是通过成孔及成桩过程中对地基土的动力挤密作用、固结作用，夯填建筑废弃物的置换作用（物理置换）、生石灰的水化胶凝作用（化学置换）来加固软土地基的。

（1）动力挤密及固结。重锤冲孔时，巨大的冲击能量在土中产生很大的应力波，破坏土体原有结构，使土体局部发生液化并产生许多裂隙，增加了排水通道，土的渗透性骤然增大。桩体的建筑废弃物是粗颗粒干料，孔隙连通性好，是良好的竖向排水通道，能加速超孔隙水压力的消散，地基土产生瞬时沉降而压缩。同时重锤的冲击作用使土不出孔而被挤向孔壁周围，分层填料夯实又使填料向夯击方向和侧向挤压，形成一个自内向外的膨胀挤密圈，桩间土得以密实加固。桩（墩）体本身与地基有不同强度，它既是软土固结

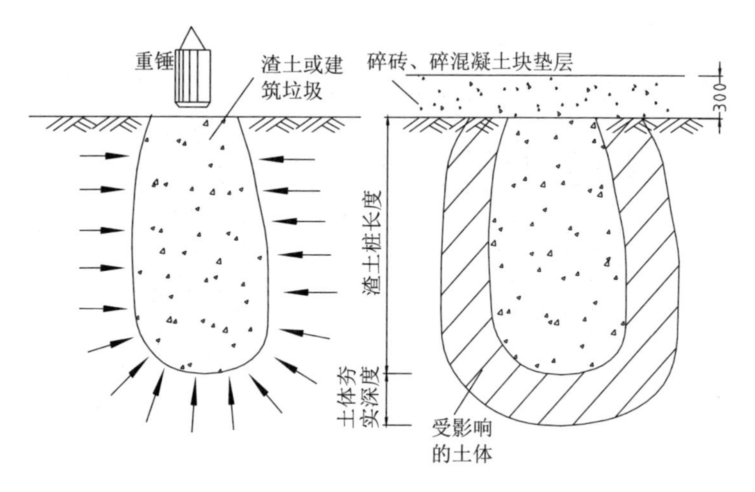

图 6.1　渣土桩

的竖向排水通道，又是分担地面荷载的受力体，它与挤密后的桩间土共同组成复合地基，以此来提高强度并减小变形。

（2）物理置换。分为整式置换和桩式置换。整式置换类似于换土垫层，一般用在深厚且极其松软的饱和土层中。当软土厚度不大且塌孔不十分严重时，主要是桩式置换。桩式置换类似于振冲法等形成的砂石桩，它用建筑废弃物强制置换原来结构松散、强度低的软弱土，靠桩体自身强度和桩间土体的侧向约束维持桩的平衡，并与桩间土形成复合地基共同工作。

（3）化学置换。固化是固体废弃物无害化处理的重要技术，在地基加固中则用于提高土体的力学强度和稳定性，水泥搅拌桩即是水泥固化原理的应用。工程渣土是平整场地和基槽开挖产生的，主要为原场地表层的杂填土，掺入适量生石灰后用作渣土桩的填料也是利用了石灰的固化原理。夯入桩孔侧壁土中及桩体内的生石灰水化吸水，降低了桩间土的含水量，使土体出现化学固结。生石灰遇水后消解成熟石灰，放出热量，其反应式为

$$CaO + H_2O \rightarrow Ca(OH)_2 + 65kJ/mol$$

由于这个过程体积膨胀 1.5～3.5 倍，只要桩（墩）体保证必要的密实度及封顶和覆盖压力，生石灰水化产生的较大侧向膨胀压力将使桩间土挤密。水化生成的 $Ca(OH)_2$ 部分与土中的二氧化硅和氧化铝等发生化学反应，生成具有一定强度和水硬性的水化硅酸钙［$CaO \cdot SiO_2 \cdot (n+1)\ H_2O$］、水化铝酸钙［$CaO \cdot Al_2O_3 \cdot (n+1)\ H_2O$］等水化产物，使土粒胶结，改变土的结构，这种胶凝反应随龄期增长，从而提高地基的后期强度。

6.1.2　适用条件与设计要求

此种方法对处理杂填土、粉土、含水量低的软弱土、湿陷性黄土有很好的效果；对含水量高的软弱土，宜先降水再填料夯击；对液化砂土，成孔时容易引起塌孔，应谨慎使用。

渣土桩在设计计算上与散体桩相似，桩位布置可采用等边三角形、正方形、梅花形。当按等边三角形布孔时，所有桩间各向距离相等，桩间土可得到较均匀的挤密。桩径一般取 0.5 ~ 0.8m，桩距常用 1.2 ~ 1.6m，最大不宜超过 2m。桩长由相对硬层的埋藏深度来确定，当难以确定相对硬层时，按建筑物的地基变形允许值确定。工程上所取的桩长大多集中在 2 ~ 4.5m，如用钻机成孔，也可达到 7m。加固后的复合地基承载力标准值 f_{sp} 和压缩模量 E_{sp} 可按下式计算：

$$f_{sp} = mf_p + \alpha(1 - m)f_k \text{ , } E_{sp} = [m(n - 1) + 1]E_s \tag{6-1}$$

式中，f_{sp} 为承载力标准值（kPa）；m 为面积置换率，$m = A_p/A_e$，一般取 0.1 ~ 0.3，整式置换取 1；A_p 为渣土桩的横截面积（m^2），$A_p = \pi d^2/4$；A_e 为单桩有效处理面积（m^2）；d 为桩的设计直径（m）；f_p 和 f_k 分别为桩体单位面积承载力标准值及加固后桩间土承载力标准值（kPa）；α 为桩间土承载力折减系数，取 0.9；E_{sp} 和 E_s 分别为复合地基和桩间土的压缩模量（MPa）；n 为桩土应力比，$n = f_p/f_k$，也可按经验取 2 ~ 4。

用建筑渣土桩处理后的地基承载力大小受场地工程地质条件、锤重、夯径、落距、夯击次数、加固体的布置形式及间距、建筑废弃物的粒径、含水量等多种因素制约，承载力标准值能达到 120 ~ 180kPa，可满足低层楼房（七层以下）的地基需要。深圳市南山区一座六层建筑采用渣土桩处理粉土地基，由现场试验算得复合地基承载力标准值为 161kPa，满足设计要求（150kPa）。屈晓晖公开文献显示，山东省聊城市一座教学楼需做软卧层地基（3m 厚淤泥土，承载力只有 90kPa）处理，经方案比较，碎石桩预算约 20 万元，工期 60 天；混凝土桩预算 30 万元，工期 21 天；强夯法效果不理想，最后采用建筑废弃物渣土桩，加固后桩间土承载力增至 120kPa，复合地基承载力达到 145kPa，满足设计的 120kPa，而工程费用仅 6.6 万元，工期 12 天，单桩消纳建筑废弃物 2.41m^3。

6.1.3　施工工艺

施工分成孔、填料和夯实三道工序。由于工艺上无护壁措施（如果成孔时采用护壁会限制土体的侧向挤密作用，影响桩间土的密实效果），对塌孔严重的土层不适宜用此方法。填料采用粒径≤60～120mm 的建筑废弃物，不能含有塑料袋、植物根系等易腐物质。先填粗料，与生石灰的质量比约1∶1，然后填细料（碎砖∶渣土∶生石灰＝2∶4∶1 或渣土∶生石灰＝7∶3），分层夯实。顶部满铺30cm 厚碎砖并全夯至平。

渣土桩与强夯法相比，强夯是通过夯击能量转化，强制压缩或振密土体以提高地基强度，它只适用于塑性指数 Ip≤10 的土。建筑废弃物桩综合了换填、强夯、挤密和排水固结的特点，通过桩（墩）体的置换挤密，形成桩土共同作用的复合地基，并以施工设备及工艺简单、工期短、造价低实现了上述四种方法的结合，处理范围广，具有良好的经济效益、社会效益及环境效益。

6.2　建筑废弃物应用于扩底桩

6.2.1　地基加固原理

建筑废弃物扩底桩是在夯扩桩和灌注桩的基础上发展起来的，属于孔内深层强夯技术（DDC 技术）。通过机具成孔（钻孔或冲孔），在地基深层填入建筑废弃物，用特制的重锤进行冲、砸、压的高压实、强挤密的夯击作业，形成底部扩大头作为人造持力层，从而达到消纳垃圾的目的。扩端上部放入钢筋笼，浇注混凝土成桩。

扩底桩是由桩身和下部呈梨状的挤密实体组成，就受力模式分析是桩与人工地基的组合，其传力系统为：桩身→连接层→夯扩体→持力土层。①钢筋混凝土桩身除了自身通过微小压缩和少量桩侧摩阻力承受部分荷载外，更重要的是作为传力杆把上部荷载向下传递，起到“承上启下”的作用，但设计中一般不考虑桩身与土体的摩阻力以作为安全储备。②水泥浆连接层使荷载从现浇砼桩身均匀过渡到散体碎块。③桩端是一个由干硬性混凝土、碎砖石、砂灰、渣土经高能密实的夯扩体，有资料显示，其在一般黏性土中的投影面积较桩身截面扩大近6倍，有效消除了桩端的应力集中，将应力扩散，逐渐降低至地基土能承受的程度。④作为持力层的地基土在形成夯扩体的同时也被夯击能量挤密，并与填充料组成复合载体扩大头，是桩受力的主要部分。如图6.2。由于忽略桩侧摩阻力且扩大头承载作用显著，使桩的受力特性接近或达到端承桩型，对地基土的作用机理表现为以下几点：

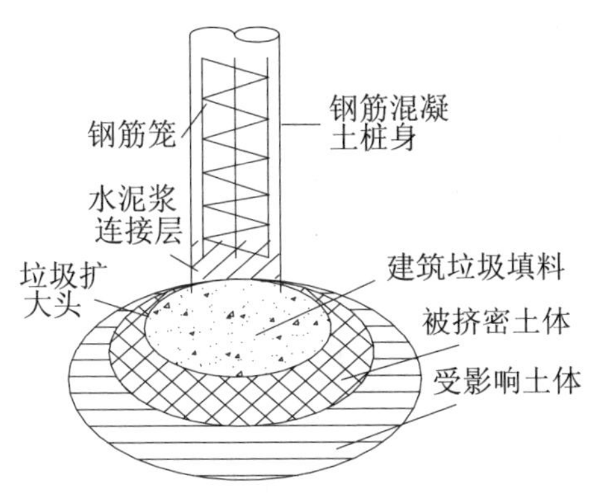

图6.2　建筑废弃物扩底桩

（1）挤密。冲孔和钻孔的不同效果在于前者有桩周挤密作用，如采用护筒挤土可提高桩间土对桩的横向挤压力，从而增加桩侧摩阻力，而钻孔则没有，但两者的桩端挤密作用才是主要的，这是利用了土体的约束机理和能量积累原理。夯锤强大的冲击力（通常大于强夯法所用的能量）使填料携带一定能量向周围土体移动，同时克服土的阻力，将一部分动能传递给土体，自身的能量不断减少，直到和土阻力平衡，废弃物颗粒停止运动。反复填料夯击，能量就在此处不断积累，破坏了该处土体的结构，部分废弃物骨料被挤入土中。当被挤密的土体对夯填料有一定约束力时，地基得到了加固，此时，被加密土体的内摩擦角可达38°~43°，夯实建筑废弃物的内摩擦角大于45°。

（2）置换。桩身混凝土置换了原桩位土体，形成高强度和刚度的地基纵向加筋体。桩端夯入的建筑废弃物因强度和抗变形性能均优于周围的土体，此处的扩大头局部取代了原来的天然持力层而成为坚实的人工持力层，大大提高了单桩承载力。

（3）预震。扩底桩成桩时使地基土产生多次瞬间夯击振动，对可液化土层产生预震作用，能有效降低甚至消除地基土液化的可能性。

6.2.2　适用条件

此种方法适用范围广、条件低，能有效消除地基土的湿陷性和液化现象，可处理松散填土，各种状态下的砂性土、粉土，软塑以上的黏性土、湿陷性黄土、有机质土等。当地基上部为软弱土层，基底下4~8m有一层性质较好的持力层如可塑－硬塑的黏性土，且厚度不小于4m时效果更佳。

由于扩大头能发挥良好的承载作用，故该桩型具有较大的承载力，总沉降量很小。查阅有关资料显示，其承载力标准值一般为 500 ~ 1400kN，静载试验的回弹率约 50%。由此看来，当采用沉降控制进行设计时，桩的承载力有可观的安全储备。该桩型的有效加固深度为 10m 左右，能满足 16 层以下建筑物的地基需要。

6.2.3 施工工艺

施工分成孔、填料、夯实、放钢筋笼并浇注混凝土几个工序，需要注意以下五点：

①成孔一般采用钻孔或压入导向护筒的方式，为避免扰动上部软土，少用冲孔。

②建筑废弃物优先选用粒径 50 ~ 150mm 的块状物，最大尺寸不应超过 200mm，如碎砖石、混凝土块。

③连续两次夯击的下沉量反映了废弃物夯扩的质量，宜控制在 40mm 以下，下沉量超过 40mm 要继续填料夯击。该施工参数也可采用三击贯入度，按规范给定的数值检验桩头的密实度，最后一击贯入量 <5 ~ 10cm（锤重 4t）才可终锤。

④在放钢筋笼之前倒入 1∶2 的纯水泥浆，使其形成一段连接层，确保桩身下部的混凝土有足够水分硬化，并能使荷载从钢筋混凝土材料均匀过渡到散体废弃物填料。

⑤桩身混凝土等级≥C20，钢筋笼保护层≥40mm。为保证施工质量，提拔护筒速度以 1m/min 为宜，并插入振捣棒振捣。

该桩型与灌注桩的区别在于，它不是通过桩身形状、桩径的改变来提高承载力，而是利用垃圾填料的密实和被挤密土体对扩大头的侧向挤压力来加固深部土体。

6.3 工程应用

广州大学城地处广州市小谷围岛，大学城建设场区的沉积相中普遍存在一个厚 3 ~ 4m 的液化砂层，地面下埋深 5 ~ 7m，上覆淤泥层、杂填土（含砖块、碎石，分拣后是良好的桩头填料），该地基条件非常适合废弃物扩底桩的使用。以砂层为持力层不仅有较好的承载力，在此处夯扩扩大头还能产生预震作用，消除砂层的液化背景。经估算，一根 6m 长的废弃物扩底桩的承载力已相当于以基岩为持力层的 20m 长的普通灌注桩，其综合效益是不言而喻的。大学城中的广州科学城一建设场区经过方案对比，采用渣土桩和扩底桩加固地基，利用成桩工艺，部分扩底桩使用了建筑废弃物填料，对建筑废弃物处理地基做了有益的尝试。场区总占地面积约 9000m^2，其中厂房 3900m^2，为保证厂房的整体性，地面铺设 250mm 厚的混凝土地板，由于地板面积较大，对差异沉降敏感，需对地基土进行加固。地板的设计荷载为 25kPa，均布于地基土上。

6.3.1　试验场区的岩土条件

试验场区分四个地层，以风化花岗岩为基岩，其上覆土体主要有五类，如表 6.1 所示。各土层的物理性质见表 6.2，地下水位埋深 4.0m。

表 6.1　场地地层情况

年代	编号	岩土名称	层厚/m	描述	状态	承载力特征值 f_{ak}/kPa
Q^{ml}	①	素填土	2.34	主要为砂质黏性土，土质松软，含孤石，未经压实	可塑	
Q^{al+pl}	②$_1$	粉质黏土	4.07	由粘粒、粉粒及砂粒组成	硬可塑～硬塑	220
	②$_2$	淤泥质土	3.78	含砂粒	软塑～可塑	100
	②$_3$	粉砂	4.24	夹含中细砂及砾粒，局部含泥质，轻微液化	稍密	230
Q^{el}	③	砂质黏性土	5.97	含大量石英颗粒、高岭土，亲水性强，吸湿易软化	硬可塑～硬塑	320
γ	④	全风化花岗岩	6.64	原岩结构已破坏，亲水性强	呈坚硬土状态	360
	⑤	强风化花岗岩	未穿	原岩结构基本破坏，亲水性强	呈半岩半土状	600

表6.2 各土层的物理力学性质指标

编号	土层名称	ω	γ	G_s	e	W_L	W_p	I_p	I_L	a	E_s	标贯次数	修正击数
		%	kN/ m³			%	%			MPa⁻¹	MPa		
①	素填土	—	—	—	—	—	—	—	—	—	—	—	—
$②_1$	粉质黏土	35.1	18.6	2.70	0.954	43.5	27.9	15.6	0.46	0.42	4.05	7	9.3
$②_2$	淤泥质土	47.8	17.4	2.68	1.268	46.8	33.2	13.6	1.07	0.68	5.12	21	3
$②_3$	粉砂	—	—	—	—	—	—	—	—	—	—	56	9.7
③	砂质黏性土	35.2	18.4	2.69	0.948	45.9	33.4	12.5	0.14	0.51	3.84	73	15.4

6.3.2 试验方案选择

根据上述条件，素填土未经压实，结构松散，不能直接作为地板垫层。该层填土厚度较小，但在将近一万平方米的建筑场区采用换土垫层法并不经济合理；由于所要求的施工期短，又恰逢广州的雨季，也不宜选用排水固结法。从土层结构看，位于上部的$②_1$粉质黏土层为硬可塑－硬塑状态，较厚，若采用夯实法只能对该层产生微小的压实效果，而下部的$②_2$淤泥质土层却未能得到良好的处理，故初步考虑选用灌注桩。经估算，所需桩数较多（>1500根），桩长较大（穿越$②_2$层，以$②_3$层为持力层至少需10m长），亦予以放弃。综合比较后，发现$②_1$层土质良好，承载力较大且有一定厚度，为了充分利用该浅部土层作为持力层，最后选用钻孔碎石桩（部分场区为建筑废弃物桩）。总桩数944根，其中有1/5使用建筑废弃物填料。

6.3.3 成桩过程

（1）设计要求。设计单桩承载力特征值为320kN，桩长3.5m，桩径750mm，桩距2670mm，正方形布桩。若孔壁塌孔，采用钢筒护壁。施工完毕后在桩顶面做 1m 厚非黏土垫层，分层压实至密实度 98% 以上，垫层面为 250mm 厚砼地板。

（2）成孔。采用螺旋钻机成孔，钻头直径 750mm，钻头入土 1～1.5m 后提出地面把螺旋页面上的土卸掉。钻孔时未见塌孔现象。

（3）填料。用 2～3 台载重量为 0.6t 的装载机来回添料（每台装载机每次添料为一斗）以保持作业的连续性。建筑废弃物填料用场地的拆除废弃物，主要为碎砖、混凝土块和少量渣土，几何尺寸 50～150 mm。填 3～5 斗粗料（120～150mm）后填细料，不同粒径的废弃物混合振击后，细颗粒能充分填塞粗颗粒间的空隙而达到良好的密实效果。如图 6.3。

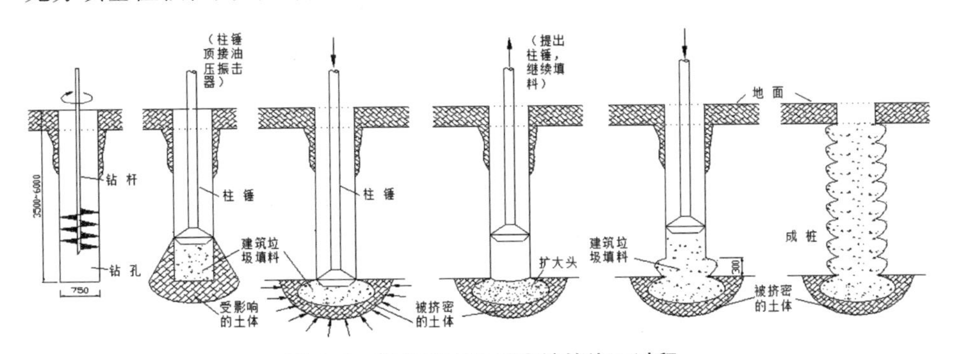

图 6.3　建筑废弃物扩底桩的施工过程

（4）振击。传统的击实方法是采用 2～5t 重锤在设计的高度上自由下落夯实碎石料，但由于落点位置和击实能量难以准确控制，并且重锤夯击石料时引起孔壁土体的振动而损失较多能量，填料的压实和孔壁土体的密实效果不够理想，本次采用专门设计的柱锤，配套液压器以振击的方式压实填料。柱锤重 2.5t，总长 4.5m，最长可进入 6m 的桩孔。调整振击时间的长短能方便控制能量的大小。

（5）成桩。成孔后，每添料一斗即振击一次，每次振击 12～15s，前两斗填料可分别振击 20s 以形成桩底扩大头。填料顺序为先粗料后细料，填料斗数由土层情况和桩长决定，一根 3.5m 长的桩以块料 2～3 斗、碎砖料 2～3 斗、细料 4～5 斗为宜。每添料一斗为一层，分层击实，每层约 300mm 厚。施工参数主要是 BST（Blow Settlement Test，同一层石料连续两次振击的下沉量），在添加第三或第四层废弃物时测量，小于 60mm 为适宜。

6.3.4　成桩结果分析

建筑废弃物桩的检测采用静载荷试验，以钢梁堆载作为反力装置，千斤顶作慢速维持荷载法分 13 级加荷，第一级荷载 4. 50kN，接下以 37. 5kN 递增一级，最大加荷值 450. 0kN，然后按两倍加荷值（75. 0kN）分级卸载至 4. 50kN。1#、2#试桩的检测间歇时间为成桩后 15d，3#桩为 20d，其静载荷曲线见图 6. 4，回弹率列于表 6. 3。

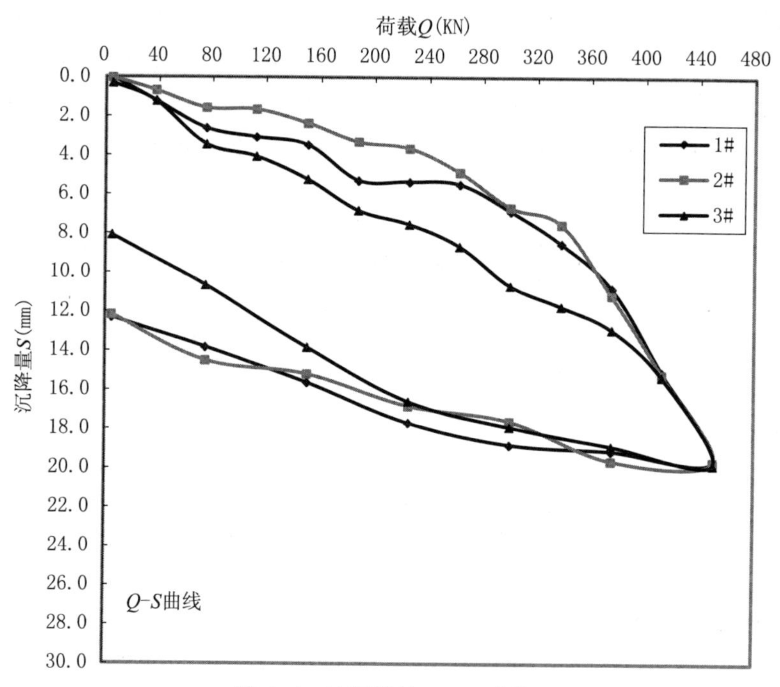

图 6. 4　垃圾桩的 Q – S 曲线

表 6. 3　沉降量和回弹率

	沉降量 S（mm）		回弹率
	加载至 450. 0kN 时	卸载至 4. 50kN 时	
1#桩	19. 621	12. 283	37. 4%
2#桩	19. 628	12. 143	38. 1%
3#桩	19. 783	8. 071	59. 2%

从图可见，当荷载超过 360kN 后，1#、2#桩的 Q – S 曲线开始出现明显下降趋势，在 450kN 下卸载，回弹率分别为 37. 4% 和 38. 1%。3#桩的 Q – S 曲线显示，当≤400kN 时，在相同荷载下其沉降量较 1#、2#桩要大，但斜率变化小且卸载后回弹率也高，表现出一定的弹性效果。三根桩的单桩承载力

可取340kN～350kN，已满足设计要求。而对应的沉降量，1#、2#桩为6～8mm，3#桩约11mm。

1#、2#桩的检测间歇时间相同，它们的$Q-S$曲线大致一样。3#桩多放置5d，变形量反而增大，因为随时间增长，土体逐渐恢复对桩身的侧向挤压力，使桩体沿竖向发生一定膨胀（膨胀是有限的，当桩体抗力与土的侧压力达到平衡时就会停止）。加载检测时，桩体的变形量就会比1#、2#桩的大，其中的弹性变形部分在卸载后得以恢复，故回弹率也较1#、2#桩的要高。

第7章　建筑废弃物在碎石桩中的应用研究

7.1　碎石桩概述

碎石桩多以振动沉管方式挤土造孔，分层填加桩料并振实成桩。其加固机理为对土进行挤密、置换和促进排水固结，从而提高复合地基的承载力，其天然碎石可由再生粗骨料替代，这种桩被称为再生碎石桩。施工方法同天然碎石桩，主要为振冲和沉管，成桩后需要检测其密实度、承载力和变形，桩体材料要求为含泥量不大于5%的硬质材料。针对碎石桩规范要求，对桩体填料试验项目确定为微粉含量/含泥量、表观密度、吸水率、压碎指标和最大干密度，以保证碎石桩在地基中正常发挥增强体作用。本法常应用于软弱地基的加固，堤坝边坡的加固及消除可液化土的液化性，消除湿陷性黄土的湿陷性，适用于砂土、粉土、黏性土、淤泥质土、有机质土、黄土等。可达桩长19～28m，桩径0.4～0.6米，且对于环境无污染，其主要优点是造价较低，进度较快，加固效果好，适用范围广等，因而被广泛应用。

7.2　碎石桩用再生骨料基本性能分析

广州市某“旧改”项目拆迁和重建预计将产生71万吨建筑废弃物，目前该项目已建立再生骨料生产线，其中再生碎石是将拆迁产生的废弃混凝土经破碎加工制成粒径大于4.75mm的石状颗粒，拟就地拓展应用于碎石桩。碎石桩是由碎石或砂等无黏结强度骨料构成的复合地基加固桩，其桩体材料对碎石桩复合地基承载力、沉降和固结具有重要影响。目前对再生碎石相关试验集中在4.75～31.5mm粒径范围，多应用于再生混凝土和道路级配碎石。碎石桩骨料多采用大粒径再生碎石（4.75～80mm），由于大粒径再生碎石相关强度变形性质尚不明确，故有必要对其展开试验分析，进而为解决采用再生碎石骨料的碎石桩在设计与施工中遇到的问题提供依据。

7.2.1 再生骨料来源

再生碎石来源于项目中拆迁产生的废弃混凝土，经过初级分类，破碎、筛分、磁选、风选、浮选、分拣等环节生产而成，其来源基本构成信息如表7.1所示。为拓展再生骨料应用范围，本次试验样品分为三组，第一组为再生碎石，第二组为混合碎石（40%的再生碎石+60%的天然碎石），第三组为天然碎石，三组经过同条件筛分达到连续级配。

表7.1 再生碎石来源基本构成

基本信息	混凝土强度			使用年限/年			原料部位		
	C20	C30	C40	10~20	20~30	30-40	梁	板、楼梯	柱
比例/%	21	53	26	12	78	10	37	45	18

碎石桩粒径大小对桩体力学和变形性能有直接影响，可通过Brown提出的桩体填料质量评判指标f判定选用。

$$f = 1.7\sqrt{\frac{3}{(D_{50})^2} + \frac{1}{(D_{20})^2} + \frac{1}{(D_{10})^2}} \qquad (7-1)$$

式中D_{50}、D_{20}和D_{10}分别为颗粒大小分配曲线上50%、20%和10%的颗粒粒径。

f在0~10之间填料级配合适程度为优秀，针对碎石桩骨料常见选用情况选用样品粒径为4.75~80mm，三组试验样品经过计算$f \leqslant 0.45$，适宜作为碎石桩填料。

7.2.2 再生骨料试验结果

按照规范试验标准，测定了再生碎石和天然碎石微粉含量/含泥量、表观密度、吸水率、压碎指标和最大干密度，试验结果对比如表7.2所示。

试验中表观密度测定采用液体比重天平法，最大干密度测定采用振动台法中的干土法，由于样品粒径为4.75~80mm，大于60mm的碎石根据规范要求采用相似级配法替换成5~60mm，保证级配的连续性和近似性。振动频率调整为50Hz，其试样质量和仪器尺寸如表7.3所示。

表 7.2　物理试验结果

骨料类型	微粉含量/含泥量（%）	表观密度（kg/m³）	吸水率（%）	压碎指标（kg/m³）	最大干密度（g/cm³）
再生碎石	0.44	2727	3.0	30	2.08
混合碎石	0.84	3351	1.6	16	2.16
天然碎石	0.89	3521	0.6	1	2.28

注：按照《再生骨料应用技术规程》（JGJ/T 240－2011）标准微粉含量代替《建筑用卵石、碎石》（GB/T 14685－2001）标准中的含泥量，但二者试验方法相同，故微粉含量/含泥量测试项目列于同一列。

表 7.3　试样干密度

骨料尺寸（mm）	试样质量（kg）	试筒尺寸		套筒高度（mm）
		容积（cm³）	内径（mm）	
60	34	14200	280	250

根据规范技术要求，其结果所属类别如表 7.4 所示：

表 7.4　试验结果类别

骨料类型	微粉含量/含泥量（%）	吸水率（%）	压碎指标（kg/m³）
再生碎石	Ⅰ	Ⅱ	Ⅲ
混合碎石	Ⅱ	Ⅰ	Ⅱ
天然碎石	Ⅱ	Ⅰ	Ⅰ

7.2.2.1　微粉含量/含泥量

骨料的微粉含量/含泥量过高会影响碎石桩的透水性，由表 7.1 可以看出，再生碎石的微粉含量相比天然碎石的含泥量更小，其原因在于拆迁废弃混凝土破碎前进行了冲洗，破碎后进行筛分和浮选，有效地将废弃混凝土破碎前后粉末杂质清理干净，相比天然碎石运输过程中的杂质污染更少，三组均符合碎石桩填料含泥量的标准。

7.2.2.2　表观密度

三组测定采用液体比重天平法，再生碎石的表观密度小于混合碎石，混合碎石表观密度小于天然碎石，测试结果与混凝土用的小粒径再生碎石测试结果相近。其原因主要是再生碎石来源于废弃混凝土，破碎过程中无法彻底清除表层密度较小的水泥砂浆，因而导致大粒径和小粒径再生碎石表观密度均低于天然碎石。再生碎石的表观密度试验结果离散性较大，最终结果为 4 次试验的算术平均值，这与废弃混凝土的强度等级差异有关。

7.2.2.3　吸水率

再生碎石的吸水率相比混合碎石和天然碎石偏大，偏大原因在于再生碎石表层含有的水泥砂浆吸水性较强，同时废弃混凝土在拆迁和破碎过程中不同程度造成再生碎石表面和内部出现微裂纹。吸水率相比混凝土用的小粒径再生碎石差距缩小，原因在于大粒径碎石质量较大，吸水率比值减少。再生碎石吸水率偏大会导致骨料膨胀收缩，影响骨料寿命和强度，这对采用再生碎石作为骨料的碎石桩应用与含水量丰富软黏土地基存在不利影响，采用混合碎石作为骨料影响较少。

7.2.2.4　压碎指标

由于压碎指标测定仪要求骨料粒径在 9.5～19.0mm 之间，三组碎石均须进行二次加工。试验结果显示再生碎石压碎指标明显高于混合碎石和天然碎石，原因也在于水泥砂浆黏度较低，以及拆迁和破碎工艺造成的再生碎石更易破碎。完全采用再生碎石作为骨料的碎石桩，在采用振冲施工法时易将填料压碎，影响成桩强度和密实度，在采用沉管施工时影响相对较少。

7.2.2.5　最大干密度

最大干密度影响骨料的压实质量和桩体最终密实度，试验结果显示再生碎石最大干密度低于混合碎石和天然碎石，这与再生碎石的易碎性有关，破碎锤高频率振动导致大粒径的再生碎石破损较多，形成的细颗粒难以压密，这对于振冲碎石桩成桩后密实度影响较大，影响地基沉降和透水性。

大粒径再生碎石成分来源和生产工艺决定了其工程性质，拆迁混凝土制备的再生碎石由于拆迁和破碎工艺，表面包裹水泥砂浆，内部存在微裂缝，导致表观密度底，吸水率高，压碎性较差，最大干密度小，但再生碎石微粉含量/含泥量指标优于天然碎石，这也是由于其生产过程中多次冲洗清理所致。试验结果表明再生碎石可达到建设用碎石Ⅲ类标准，混合碎石可达到建设用碎石Ⅱ类标准。

试验结果分析表明再生碎石可替换砂石作为沉管砂石桩骨料，混合碎石适宜替换天然碎石作为散体材料桩骨料，在实际“旧改”项目工程中也得到检验。试验结果可为再生碎石应用于地基换填、CFG 桩、路基垫层等工程提供借鉴，也为相关工程数值模拟分析提供试验参数。

7.3 碎石桩用大粒径再生碎石力学试验研究

碎石桩复合地基加固机理主要为挤密、置换和促进排水固结，桩骨料多采用大粒径再生碎石（4.75～80mm），目前对再生碎石相关试验集中在4.75～31.5mm粒径范围。由于桩体骨料对桩体密实度、承载力和变形有重要影响，有必要对大粒径再生碎石展开力学试验研究，以便为解决采用再生碎石骨料的碎石桩在设计与施工中遇到的问题提供依据。

考虑到散体桩骨料的承载特性和透水性，本次对两组饱和样品进行常规大三轴固结排水剪切试验。根据地基处理中桩体围压常见情况，试验围压 σ_3 设置为100kPa，300kPa，600kPa，1000kPa。试验采用位移控制，虽然工程实践中桩体竖向应变一般不到2%，为全面了解大粒径再生碎石相关性能，本次试验达14%的时候结束剪切试验。采用YS 30三轴仪，试样规格为φ300mm×600mm，由于样品粒径为4.75～80mm，大于60mm碎石根据规范要求采用等质量代换法替换成5～60mm，保证级配的连续性和近似性。粒径替换后试样基本性质参数如表7.5所示。

表7.5 试样基本性质参数

骨料类型	孔隙比	干密度（g/cm^3）	压缩模量（MPa）	渗透系数（$cm \cdot s^{-1}$）
再生碎石	0.252	2.01	51.0	16
混合碎石	0.279	2.28	68.5	6

7.3.1 大粒径再生碎石应力－应变特性分析

两组试验应力－应变关系曲线如图7.1和图7.2所示，试验结果可以看出再生碎石具备天然碎石的一些特性，应力－应变关系在初始段都呈现线性特征，具备明显准弹性性质，随荷载增大，具备显著非线性。围压也是影响再生碎石力学特性的主要因素，两组试样应力－应变曲线随着围压增大，初始模量和峰值偏应力（$\sigma_1 - \sigma_3$）都增大。但在相同围压下，再生碎石在轴向应变为2%～8%达到峰值，而混合碎石在轴向应变为4%～10%达到峰值，与天然碎石测试结果相近，再生碎石峰值偏应力约为天然碎石的65%，混合碎石峰值偏应力约为天然碎石的89%。这是由于再生碎石在拆迁和破碎生产过程中存在大量微裂缝，影响其整体强度，这也是再生碎石相对天然碎石较早出现塑性变形的原因。

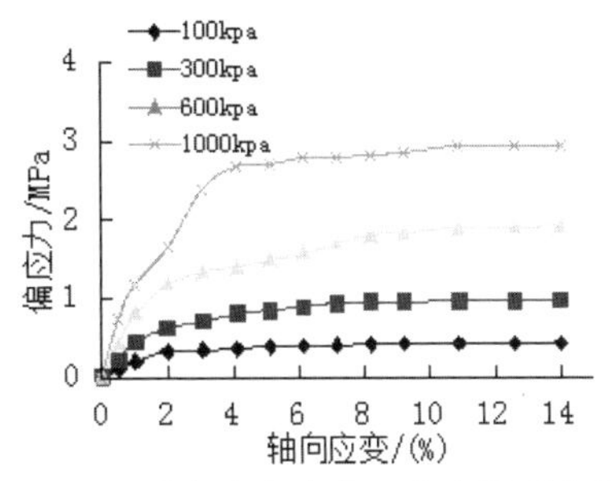

图 7.1　混合碎石应力 - 应变关系曲线

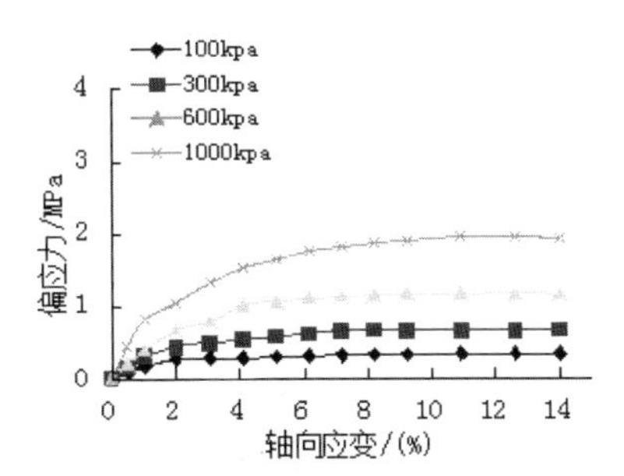

图 7.2　再生碎石应力 - 应变关系曲线

为反映再生碎石应力 - 应变关系，综合对比 Duncan - Chang 模型、双曲线模型和对数模型，对数模型精度更高，数值拟合结果如图 7.3 所示。为适应再生碎石小变形工程实际情况，便于得到初始变形模量，利用非线性回归分析法，其应力 - 应变关系表达式如下：

$$\sigma_1 - \sigma_3 = a(1 - e^{-b\varepsilon_a}) \tag{7-1}$$

$$E_t = \frac{d\sigma_1}{d\varepsilon_a} = \frac{d(\sigma_1 - \sigma_3)}{d\varepsilon_a} = ab\left(1 - \frac{\sigma_1 - \sigma_3}{a}\right) \Rightarrow E_i = ab \tag{7-2}$$

式中：$\sigma_1 - \sigma_3$ 为偏应力差，ε_a 为轴向应变，E_t 为切线变形模量，E_i 为初始切线变形模量，a 和 b 为参数。

为了分析围压对再生碎石的应力应变影响，初始切线变形模量 E_i 与围压其拟合关系式为 $E_i = 2.32pa\left(\frac{\sigma_3}{pa}\right)^{0.53}$，相关系数 $R^2 = 0.978$，其中 Pa 为大气压力，其关系曲线如图 7.4 所示。结果显示围压增大有助于提高再生碎石的初始切线变形模量。相对于天然碎石，围压对再生碎石的模量影响更大，同时在相同围压下再生碎石模量约为天然碎石的 82%。

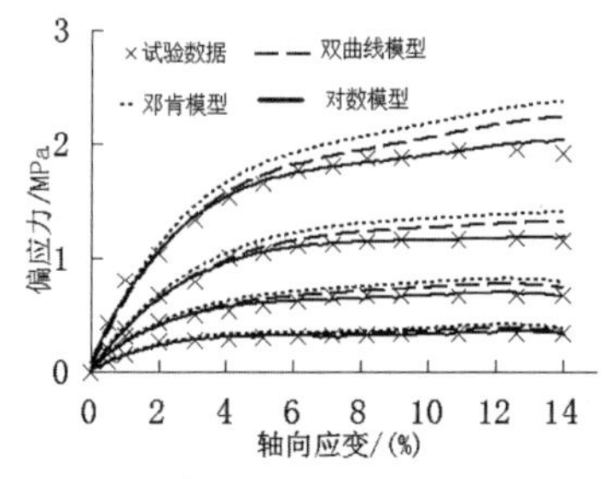

图7.3　混合碎石应力－应变关系曲线

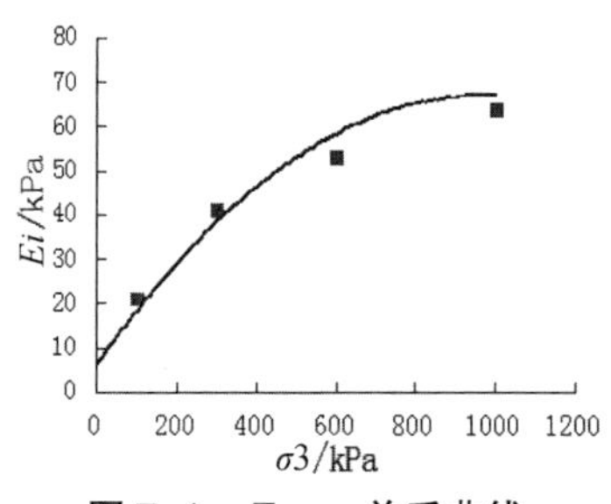

图7.4　$E_i-\sigma_3$关系曲线

7.3.2　大粒径再生碎石变形特性分析

两组试验体积应变－轴向应变曲线如图7.5和图7.6所示，试验结果可以看出再生碎石和混合碎石体积应变峰值时轴向应变为4%～10%，低于天然碎石，再生碎石的体积应变相对混合碎石较大，这与其再生骨料强度较低有关。在高围压情况下（σ_3>600kPa），再生碎石体积应变在上升阶段出现平缓爬坡现象，体积应变增大率明显增大，这是由于再生碎石来源于拆迁混凝土，其表面附着砂浆，在高围压下，表面砂浆脱落，再生碎石过程中又伴随多次强力破损，再生碎石内部混凝土较易破碎，故而导致剪胀效应明显。

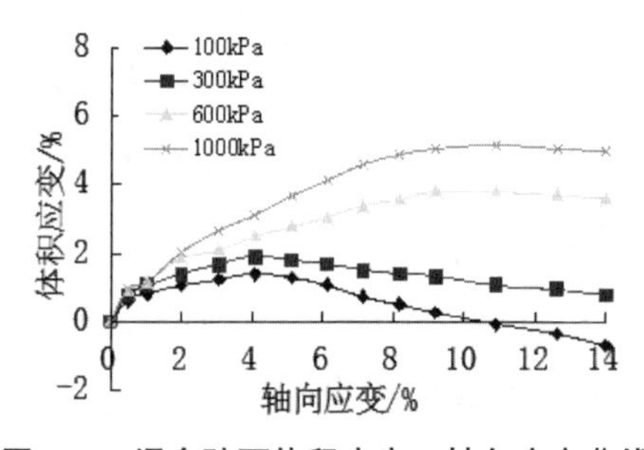

图7.5　混合碎石体积应变－轴向应变曲线

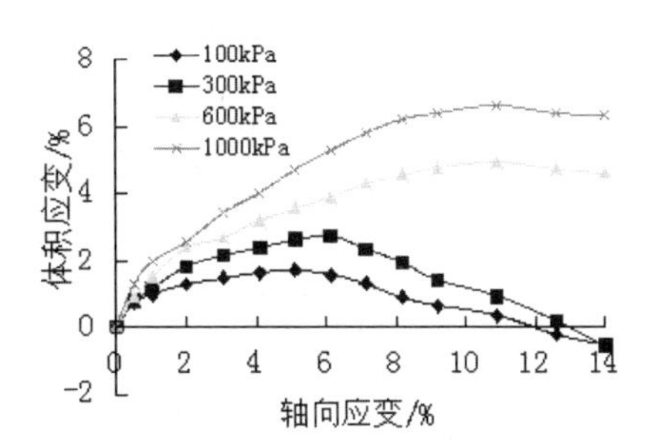

图7.6　再生碎石应力－应变关系曲线

对试验数据进行非线性拟合，再生碎石体变曲线可用抛物线方式表达为

$$\varepsilon_v = \varepsilon_{vm}\left(2 - \frac{\varepsilon_a}{\varepsilon_{am}}\right)\frac{\varepsilon_a}{\varepsilon_{am}} \tag{7-3}$$

$$\mu_t = 0.5 - \varepsilon_{vm}\frac{E_i}{(\sigma_1 - \sigma_3)_{ult}}\frac{1 - R_d}{R_d}\left(1 - \frac{R}{1 - R}\frac{1 - R_d}{R_d}\right) \tag{7-4}$$

式中 ε_{vm} 和 ε_{am} 分别为体应变和轴向应变最大值，$R = (\sigma_1 - \sigma_3) / (\sigma_1 - \sigma_3)_{ult}$，$R_d = (\sigma_1 - \sigma_3)_m / (\sigma_1 - \sigma_3)_{ult}$，$(\sigma_1 - \sigma_3)_m$ 为体应变最大时偏应力。初始泊松比 μ_i 与围压关系如图7.7所示，其拟合结果为 $\mu_i = 1.84pa\left(\frac{\sigma_3}{Pa}\right)^{-0.19}$，相关系数 $R^2 = 0.976$，其中Pa为大气压力。结果显示在低围压下（$\sigma_3 < 600\text{kPa}$），随轴向应变增大，再生碎石体积应变先增大后减少，存在剪胀现象；在高围压下（$\sigma_3 > 600\text{kPa}$），体积应变增长速率明显降低。

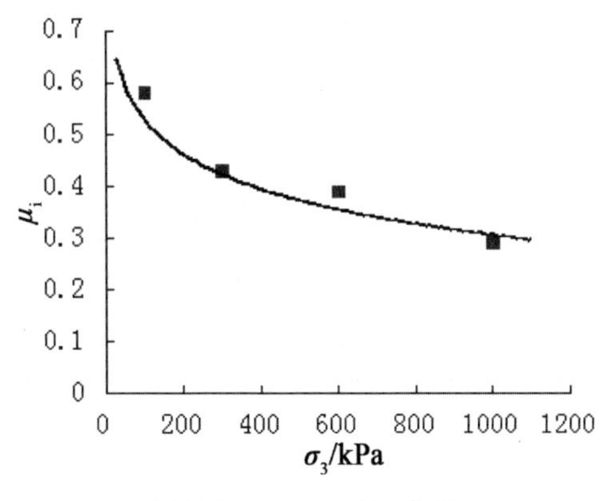

图7.7　$\mu_i - \sigma_3$ 关系曲线

从测试结果可以看出，大粒径再生碎石应力－应变关系采用对数模型精

度最高，体应变－轴向应变关系可用抛物线方程拟合，由于大粒径再生碎石在拆迁和破碎过程中承受冲击破坏，在低围压情况下承载能力和应变效果不理想，但在高围压情况下强度和变形性能都得到提高，适宜散体材料桩中的沉管砂石桩，或者采用低功率振冲器施工的振冲碎石桩。混合碎石试验结果相对天然碎石比较接近，承载能力和变形性能较为理想，替换天然碎石作为碎石桩骨料较为适宜，成桩效果需现场试验进一步验证。试验结果可为再生碎石应用于地基换填、CFG 桩、路基垫层等工程提供借鉴，也为相关工程数值模拟分析提供试验数据。

7.4　再生碎石桩承载特性研究

7.4.1　工程概况

深圳市某市政工程地质情况，自上而下依次为：填筑土，可塑状态，层厚4.8m；粉质黏土，可塑状态，层厚3.9m；泥岩，强风化，层厚4.1m；泥岩，全风化，层厚5.9m。为提高路基承载力和稳定性，综合考虑地质情况和工期因素，选用干振碎石桩进行加固，工程总长12.9km，道路等级为城市支路Ⅰ级，桩径500mm，桩长5m，桩间距1.4m，梅花形布置。选用碎石粒径20mm～60mm，试桩检测进行了单桩竖向静载试验，采用慢速维持荷载法，分8级加载，试验结果如表7.6所示，测得单桩承载力特征值为300kN，极限承载力为600kN，满足设计要求。

表7.6　单桩静载试验结果

点号	最大试验荷载（kN）	圆形压板直径（m）	最大沉降量（mm）	卸荷后残余沉降量（mm）	卸荷后回弹率（%）	设计要求值及对应的沉降量		试验结果	
						设计要求值（kN）	沉降量（mm）	承载力特征值（kN）	极限承载力（kN）
1#	840	0.5	44.16	32.28	26.90	240	2.10	300	600

7.4.2　离散元数值分析

7.4.2.1　计算原理

PFC^{3D} 是 ITASCA 公司推出的离散元三维分析程序，计算原理如图7.8所示，球形颗粒接触关系如图 7.9 所示。在荷载作用下颗粒之间没有连续介质变形协调约束，可以分离运动，颗粒的运动符合牛顿第二定律，以此建立运动方程；颗粒的运动不是自由的，会遇到临近颗粒阻力，颗粒接触产生的力和位移关系可以建立物理方程。在一个计算循环中，首先颗粒接触通过物理方程算出不平衡力，在不平衡力作用下产生运动，通过运动方程计算颗粒位移，更新颗粒位置并产生新的接触，离散元程序通过循环时步迭代，可以得出不同荷载作用下颗粒集合体应力变形特性，直至结构破坏。

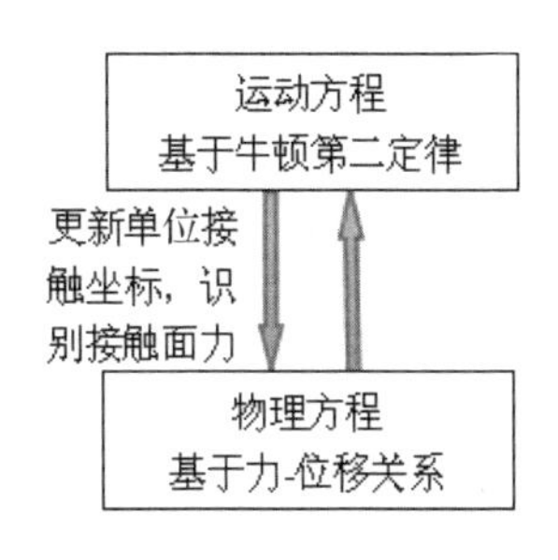

图 7.8　PFC3D 计算循环

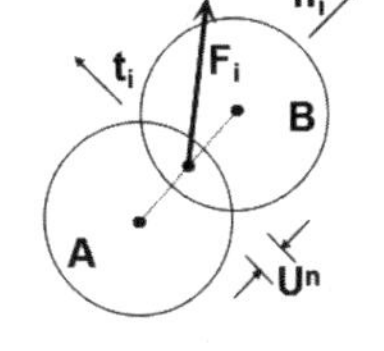

图 7.9　颗粒接触力－位移关系

物理方程：
$$F_i = F^n n_i + F^s t_i \tag{7-5}$$

$$F^n = K^n U^n = \frac{k_n^{(A)} k_n^{(B)}}{k_n^{(A)} + k_n^{(B)}} U^n \tag{7-6}$$

$$\Delta F^s = - K^s \Delta U^s = \frac{k_s^{(A)} k_s^{(B)}}{k_s^{(A)} + k_s^{(B)}} \cdot V_i^s \Delta t \tag{7-7}$$

物理方程中颗粒单元作用力 F_i（N）通过颗粒 A 和颗粒 B 接触点的重合量决定，包括法向力 F^n 和切向力 F^s，切向力以增量形式计算，颗粒重新接触时初始化为零，最大切向力受摩擦系数控制。式中 U^n 为两颗粒法向接触重合量（m），ΔU^s 为切向位移增量（m），n_i 和 t_i 分别为法向和切向单位矢量，K^n 和 K^s 分别为法向和切向刚度（N/m），$k_n^{(A)}$ 和 $k_n^{(B)}$ 为颗粒 A 和颗粒 B 的法向刚度（N/m），$k_s^{(A)}$ 和 $k_s^{(B)}$ 为颗粒 A 和颗粒 B 的切向刚度（N/m），V_i^s 为切向速度（m/s），Δt 为计算时步（s）。

运动方程为平移运动：
$$F_i = m(\ddot{x}_i - g_i) \tag{7-8}$$

运动方程包括平移运动，式中 m 为颗粒质量（g），$\ddot{x}_i$ 为平移加速度（m/s^2），g_i 为体积力加速度（m/s^2），

颗粒间的接触状态变化影响碎石桩承载和变形特性。根据工程经验，碎石颗粒在碎石桩受荷过程中基本处于弹性阶段，本书采用线弹性接触模型对颗粒接触力和位移进行模拟计算，其接触模型表达式为：

$$\Delta F_n = k_n \Delta U^n, \Delta F_s = k_s \Delta U^s, \Delta F_s = \mu \Delta F_n \tag{7-9}$$

其中 ΔU^n 为法向位移增量（m），μ 为摩擦系数。

7.4.2.2 加载条件

目前受计算能力限制，仅开展碎石桩单桩受力分析，桩周土的侧向压力通过圆柱体墙单元加载模拟，竖向荷载和侧向压力通过伺服控制进行加载，利用 FISH 语言编写伺服控制程序。碎石桩模型生成后，首先施加围压，使桩体达到施工完成后的初始状态。然后控制直径为 0.5m 刚性墙单元模拟载荷板对桩体进行加载，模拟载荷试验分级加载过程，实现目标压力与载荷试验分级荷载同步。伺服控制公式如下：

$$u^{(w)} = G(\sigma_m - \sigma_r) = G\Delta\sigma \tag{7-10}$$

$$G \le \frac{\alpha A}{k_n^w N_c \Delta t} \tag{7-11}$$

式中 $u^{(w)}$ 为墙单元速度（m/s），σ^m 为墙单元受到平均压力（kPa），σ_r 为墙单元需要达到的目标压力（kPa），G 为模型相关参数，α 为松弛因子，A 为围压墙侧面积（m^2），N_c 为土颗粒与围压墙接触数量，$k_n{}^w$ 为接触平均刚度（N/m）。当目标压力达到时候墙体停止移动即停止加载。

7.4.2.3 模型参数

碎石桩实际入土深度 4.9m ~ 5.0m，数值模型取 5m，桩径 500mm，碎石粒径在 20mm ~ 60mm，不均匀系数 $C_u = 8.45$，曲率系数 $C_c = 1.3$，采用膨胀法生成球单元颗粒并达到连续级配，半径放大系数为 1.9，最终生成 10960 个球单元，离散元模型如图 7.10 所示。

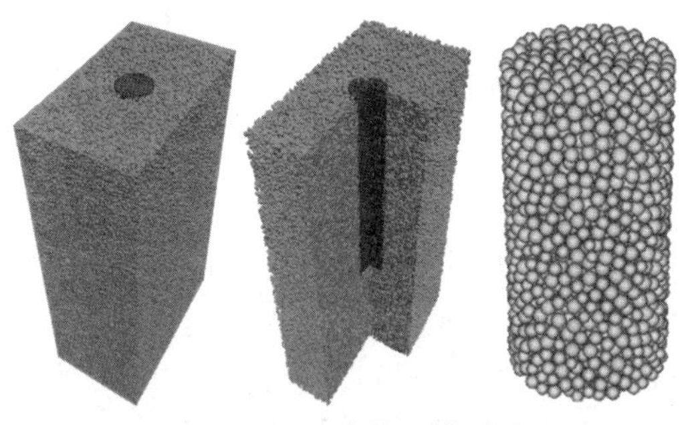

图 7.10 离散元模型

工程采用桩体骨料为广东惠州石灰岩碎石，再生碎石由拆迁产生的废弃混凝土经过初级分类，破碎、筛分、磁选、风选、浮选、分拣等环节生产而成，天然碎石和再生碎石基本性能详见文献《用于散体材料桩骨料的大粒径再生碎石物理试验研究》。PFC 模型参数通过碎石三轴试验调试得到，根据工程地质和桩长情况，选取 100kPa 和 300kPa 围压三轴试验结果，调试细观参数使模拟结果与之相符，如图 7.11 所示，模型参数结果如表 7.7 所示。

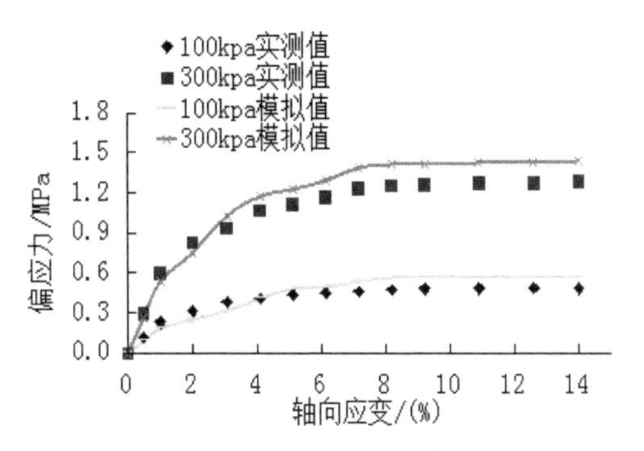

图 7.11　三轴试验模型参数校正结果

表 7.7　模型参数取值

骨料	初始弹性模量 MN/m	法向刚度 Mp	切向刚度 Mp	摩擦系数	孔隙率	颗粒密度 kg/m^3
天然碎石	120	860a	480	3.5	0.36	2280
再生骨料	106	680	368	4.2	0.32	2080

7.4.3　再生碎石桩承载特性

离散元数值分析结果如图 7.12、图 7.13 和图 7.14 所示。

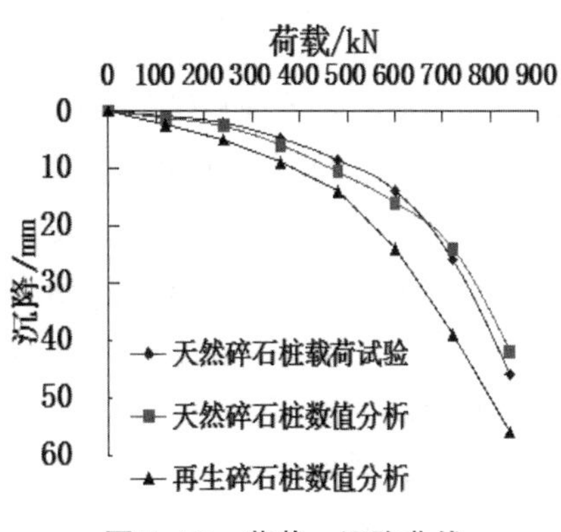

图 7.12　荷载 – 沉降曲线

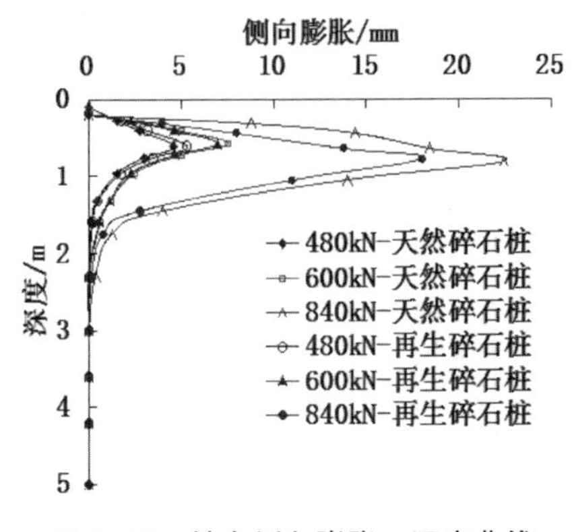

图 7.13　桩身侧向膨胀 – 深度曲线

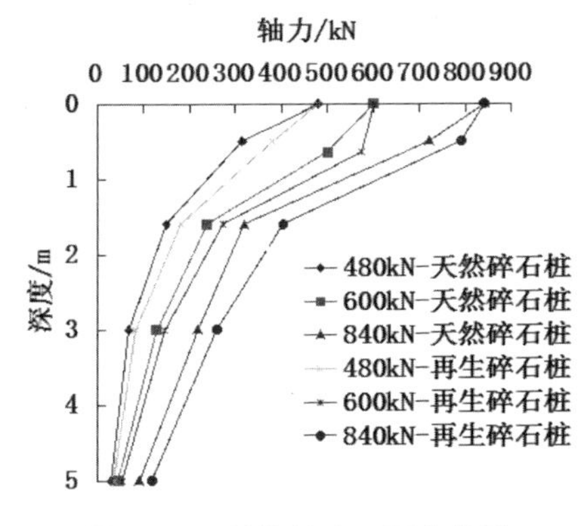

图 7.14　桩体轴力 – 深度曲线

7.4.3.1　荷载 – 沉降关系

天然碎石桩载荷试验和离散元数值分析结果如图 7.12 所示。数值结果和载荷试验实测的极限承载力均为 600kN，承载力特征值为 300kN，在承载力特征值作用下数值分析计算沉降量为 4.2mm，载荷试验沉降量为 3.1mm，在最大荷载 840kN 作用下数值分析和载荷试验得到的最大沉降量分别为 42mm 和 46mm。离散元数值模拟结果能够反映碎石桩初期的弹性阶段和中期的弹塑性阶段，而没体现碎石桩受荷后期的塑性变化，这是因为在载荷试验中，桩体内碎石模量较桩周土体大，导致桩周土体变形比碎石桩大，因此，碎石桩的塑性变形不明显。由上述分析可知，离散元计算值与载荷试验实测值接近，因此，验证了模型的建立及通过三轴试验获取模型参数，具有很好的准确性，说明离散元数值模拟可应用于碎石桩受力分析。

为验证对比在碎石桩中利用再生骨料替换天然碎石的可行性，笔者在此建立以再生骨料为桩体材料的碎石桩离散元模型，模型细观参数通过三轴试验调试获取，参数结果如表7.7所示，桩径、桩长和本构模型与天然碎石桩相同。数值模拟结果如图7.12所示，计算得到再生骨料碎石桩极限承载力为480kN，承载力特征值为240kN，对应的沉降量为5.0mm；最大荷载840kN作用下的载荷试验沉降量为56mm。结果显示：较天然碎石桩承载力小，但沉降量增大，与两种桩体的三轴试验结果一致，这与生产再生骨料的废弃混凝土强度、破碎加工方式以及再生骨料表层包裹砂浆等因素有关，但再生骨料碎石桩的承载力仍然满足该工程设计要求。

7.4.3.2　桩体侧向膨胀变形－深度关系

碎石桩的破坏以膨胀变形破坏为主，桩周水平位移量（侧向膨胀变形）对碎石桩极限承载力确定有重要影响。图7.13为天然碎石桩和再生碎石桩的侧向膨胀变形－深度曲线。当天然碎石桩的极限承载力为600kN时，其在0.58m深度的最大膨胀量为7.5mm；当天然碎石桩在最大荷载840kN时，其在0.81m深度的最大膨胀量为22.4mm。当再生骨料碎石桩的极限承载力为480kN时，其在0.60m深度的最大膨胀量为5.3mm；当再生骨料碎石桩在最大荷载840kN时，其在0.78m深度的最大膨胀量为18mm。由此可见，再生骨料碎石桩比天然碎石桩更具有抵抗侧向膨胀变形破坏能力，主要是因为再生骨料表面粗糙、棱角多及颗粒的互锁作用大，故再生骨料足以能够替换天然碎石形成碎石桩，并具有良好的工程应用前景。

碎石桩桩体膨胀变形，是由于桩体内碎石的剪胀作用及弹性模量较低的桩周土所提供的约束作用有限而导致的。由离散元数值模拟结果可知，在深度约2m范围内，天然碎石桩和再生骨料碎石桩存在侧向膨胀变形现象，变形深度约在4D（桩径）以内，在2D处产生最大膨胀，大于4D深度范围内的侧向膨胀变形几乎可忽略。相同荷载时再生骨料的颗粒破碎指数比天然碎石要高，再生骨料碎石桩桩身呈现体缩现象，从而导致侧向膨胀变形减少。

7.4.3.3　桩体轴力－深度关系

图7.14为天然碎石桩和再生骨料碎石桩桩体轴力沿深度的数值计算结果，变化趋势与工程实践结果相符。从图7.14可知，由于桩侧摩阻力影响，碎石桩单桩轴力在深度上的衰减幅度较大。在4D深度范围内，由于桩体膨胀增大导致摩阻力增大，而加快轴力衰减程度。由于再生骨料碎石桩侧向膨胀变形较小，故较天然碎石桩轴力衰减速度慢。

从上述分析可知，①碎石桩离散元数值计算值与载荷试验实测值接近，因此，在不具备载荷试验条件下，可以通过三轴试验方法获取模型参数，并可直接应用于碎石桩单桩承载力分析，可在一定程度上节约工程试验费用。②两种碎石桩在深度为 4 倍（4D）桩径范围内产生侧向膨胀变形，再生碎石桩由于破碎指数高，其侧向膨胀变形相对较小；再生骨料碎石桩轴力衰减速度相对于天然碎石桩慢。③虽然再生骨料碎石桩比天然碎石桩的承载力特征值小，但仍可满足该工程设计要求。此外，数值分析结果表明，在杂填土地基中采用再生碎石替换天然碎石成桩是可行的，再生骨料碎石桩比天然碎石桩更具有抵抗侧向膨胀变形破坏能力，具有良好的工程应用条件，拓展了建筑废弃物骨料应用范围，具备节能减排意义。

7.5 再生碎石桩工程应用

广钢新城为广州市建筑废弃物再生利用示范项目，某一道路工程采用钻孔碎石桩加固地基，为处理广钢厂房拆迁产生的大量废弃物，通过就地破碎废弃混凝土生成再生碎石和再生砂，部分碎石桩骨料采用建筑废弃物加工而成的再生填料暨再生碎石桩。再生碎石桩桩径 600mm，总长度 110617m，计划安排 5 台桩机施工，合计 2 个月完成再生碎石桩的施工，采用振动沉管碎石桩，桩底标高须穿透杂填土、淤泥等软弱层，进入持力层不小于 1.5 米，桩间距为 100cm，碎石桩按正方形布置。

7.5.1 工程地质条件

场地层结构自上而下分述为：①杂填土，厚度为 1.50 ~ 6.50m；②人工填石：钻孔中所取块石为 0.4 ~ 1.2m，碎石粒径为 1 ~ 3cm，厚度为 1.5m；③黏土：厚度 1.5 ~ 2.9m；④砾砂：顶层埋深 1.80 ~ 8.50m，层厚 0.40 ~ 9.40m；⑤淤泥质黏土：厚度为 0.60 ~ 6.90m；⑥亚黏土：厚度 0.50 ~ 3.20m；⑦砾砂：厚度在 0.60 ~ 5.60m；⑧砾质黏性土：厚度为 1.40 ~ 7.10m；⑨粗粒花岗岩：场地下伏基岩，粗粒花岗岩结构，中风化，块状结构。

7.5.2 施工工艺过程

（1）对施工场地进行回填、开挖、平整形成工作面，并在地基表面铺筑 50cm 砂性土，压路机碾压密实以整平场地。

（2）进行桩位放样，桩机就位，校正桩管垂直度应≤1.5%；校正桩管长度及投料口位置，使之符合设计桩长；设置二次投料口；在桩位处铺设少量碎石。

（3）启动振动锤，将桩管下到设计深度，每下沉 0.5m 留振 30 秒，稍提升桩管使桩尖打开，停止振动，立即向管内装入规定数量的碎石。

（4）振动拔管，拔管前先振动 1 分钟以后边振动边拔管，每提升 1m 导管应反插 30cm，留振 10 ~ 20 秒，拔管速度为 1 ~ 2m/min，预防断桩、缩颈等质量事故。

（5）根据单桩设计碎石用量确定第一次投料的成桩长度，进行数次反插直至桩管内碎石全部拔出。

（6）提升桩管开启第二投料口并停止振动，进行第二次投料直至灌满。

（7）继续边拔管边振动，直至拔出地面，提升桩管高于地面，停止振动，进行第三次投料孔口投料直至地表，碎石桩的实际灌注量不得小于计算值的 95%。

（8）启动反插，并及时进行孔口补料至该桩设计碎石桩用量全部投完为止。

（9）孔口加压至前机架抬起，完成一根桩施工，移动桩架至另一孔位。重复以上操作。

7.5.3　成桩结果分析

再生碎石桩的检测采用静载荷试验，试验方法严格按照《建筑地基处理技术规范》（JGJ79 - 2012）等有关规定执行。试验中以沙袋堆载作为反力装置，千斤顶作慢速维持荷载法分级加荷，荷载分级为 20kPa 递增一级，最大加荷值 480.0kPa，然后按两倍加荷值（40.0kPa）分级卸载。圆形载荷板面积为 $1m^2$，基准梁长度 7m，固定位置为 5m，由油泵通过液压千斤顶将荷载加在载荷板上，同时用油压表监控，地基沉降测量采用 50mm 量程的百分表，精度为 0.01mm，沉降过程中为消除不均匀沉降带来的误差，放置了两块百分表在载荷板，取平均值记录。

载荷试验数据显示，再生碎石桩在初始阶段 $P-S$ 曲线变化缓慢，这是由于桩内骨料处于松散状态，外部荷载主要由内部大颗粒之间的摩擦力来承担，应变较小。当荷载增大，颗粒之间互相咬合，不断密实，大孔隙被细颗粒填充，摩擦力不断变大，小颗粒逐渐发挥作用，抵抗外部荷载，抑制桩体变形。随着荷载进一步增大，大颗粒有可能被压碎，压碎后的大颗粒和小颗粒共同抵抗外力，此时，变形急剧增大，桩体趋于不稳定状态。当荷载超过310kPa后，Z1、Z2桩的$P-S$曲线开始出现明显下降趋势，Z3桩的$P-S$曲线显示，当≤300kPa时，在相同荷载下其沉降量较Z1、Z2桩要大，但斜率变化小。三根桩的单桩承载力可取310kPa，而对应的沉降量，Z1、Z2桩在7.5mm左右，Z3桩约10.6mm，均满足设计要求，工程应用说明再生骨料在碎石桩中替代天然骨料是可行的。

第8章　建筑废弃物在柱锤冲扩桩中的应用研究

8.1　柱锤冲扩桩概述

柱锤冲扩桩技术由河北工业大学、沧州市机械施工有限公司等单位从1989年开始进行开发研究，并先后通过河北省和建设部的鉴定。1996年列入建设部科技成果重点推广计划。1997年正式颁布了河北省工程建设标准《柱锤冲孔夯扩桩复合地基技术规程》。行业标准《建筑地基处理技术规范》（JGJ79－91）修订时增加了这一内容，并首次将该工法最终命名为“柱锤冲扩桩法”，编入《建筑地基处理技术规范》（JGJ79－2001），同时，对其定义、适用范围、设计、施工、质量检验等作出明确规定。该工法是在土桩、灰土桩、强夯置换等工法的基础上发展起来的。实施柱锤冲扩桩复合地基主要是采用直径300～500mm、长2～6m、质量1～8t的柱状细长锤（长径比L/d＝7～12，简称柱锤）、提升5～10m高，将地基土层冲击成孔，反复几次达到设计深度，边填料边用柱锤夯实形成扩大桩体，并与桩间土共同工作形成复合地基。

8.1.1　柱锤冲扩桩技术特点及应用范围

柱锤冲扩桩法地基处理技术和其他技术相比，具有以下突出的特点：

（1）柱锤冲扩桩法能够用于各种复杂地层的加固处理，适用于各类软弱土地基。特别是对人工填筑的沟、坑、洼地、浜塘等欠固结松软土层和杂填土的处理，更显示出特有的优越性；

（2）冲击成孔与补充勘察相结合，可发现工程勘察中没有探测到的局部软弱土层，消除工程隐患；

（3）桩身直径随土的软硬自行调整，土软处桩径大，桩身成串珠状，与桩间土呈咬合抱紧的镶嵌挤密状态，使处理后的地基均匀密实；

（4）用料广泛，桩身填料可以采用各种无污染的无机固体材料，设计可依据工程需要及材料来源就地取材；

（5）柱锤冲扩桩复合地基施工过程使用的设备简单，便于控制。由于锤底面积小，锤底静接地压力大，所以采用低能级夯击可以达到中能级至高能级夯击的效果；

（6）工程造价低，与混凝土灌注桩相比，一般可减少地基处理费用50%以上。当采用渣土、碎砖三合土作为桩身填料时，可以大量消耗建筑废弃物，减少污染、保护环境，经济效益及社会效益好；

（7）柱锤冲扩桩法因柱锤底面积小，所以冲孔夯击以冲切为主，振动很小。填料夯实在孔内进行时振动也不大，但是在桩顶填料夯实成桩时，会有轻微振动及噪声。在饱和软土地区施工时，由于孔隙水应力来不及消散，成桩时会发生隆起，造成邻桩位移上浮及桩间土松动，从而影响表层加固效果，设计施工时应采取必要措施。

柱锤冲扩桩法适用于处理黏性土、粉土、砂土、素填土、杂填土、湿陷性黄土等地基。对欠固结土、淤泥及淤泥质土及含有较大直径硬质物料的土层，应根据经验或通过现场试验确定其适应性。

8.1.2 柱锤冲扩桩加固机理

柱锤冲扩桩法加固机理与桩间土性状、桩身填料类型、加固深度、成桩工艺、柱锤类型等密切相关。与一般桩体复合地基的加固机理有共同之处，也有其自身的特点。如复合地基的桩体作用，柱锤冲扩桩也同样存在。特别是桩体采用黏结材料时，如水泥土、水泥砂石料等，其桩体作用更加明显。而柱锤冲扩桩法自身的特点主要是冲孔及填料成桩过程中对桩底及桩间土的夯实挤密作用（二次挤密）。由于柱锤的质量比以往灰土桩、挤密碎石桩所用夯锤大，底面积比强夯又小得多，所以锤底单位面积夯击能大大提高，因此，本工法还具有高动能、高压强、强挤密的作用。此外，当柱锤冲扩桩法处理浅层松软土层时，通过填料复打置换挤淤可形成柱锤冲扩换填垫层，起到类似褥垫层的换土、均匀地基应力及增大应力扩散的作用。

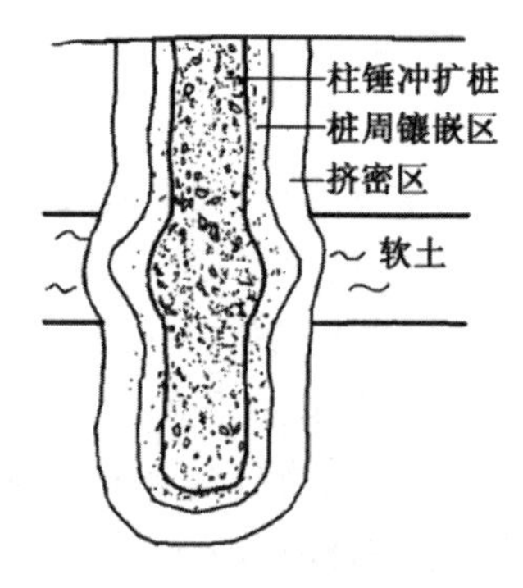

图8.1 柱锤冲扩桩加固机理示意图

通过对现有柱锤冲扩桩法地基处理技术的理论分析及工程应用实践，可将其加固机理概括为以下几点：

（1）柱锤冲孔及填料夯实过程中的侧向挤密和镶嵌作用，这在软弱土地基中作用显著。同时，冲孔过程中，圆形柱锤对孔壁有涂抹效应，从而起到止水作用。

（2）在冲孔及填料成桩过程中，柱锤在孔内有深层强力夯实的动力挤密及动力固结作用，在饱和软黏土中动力固结作用尤为突出。桩身的碎石可起到排水固结的作用。

（3）柱锤冲扩桩对原有地基土进行动力置换，形成的柱锤冲扩桩具有一定桩身强度，起到桩体效应。这种桩式置换依靠桩身强度和桩间土的侧向约束维持桩体的平衡，桩与桩间土共同工作形成柱锤冲扩桩复合地基。当桩身填料采用干硬性水泥砂石料等黏结性材料时，桩体效应更加明显。

（4）当饱和土层较厚且极其松软时，柱锤冲扩桩的侧向挤压作用范围扩大，桩身断面自上而下逐渐增加，至一定深度后基本连成一体，桩与桩间土已没有明显界限，形成整式置换。

（5）桩身填料的物理化学反应。在含水量较高的软土地基中，当桩身填料采用生石灰或碎砖三合土时，碎砖三合土中的生石灰遇水后消解成熟石灰，生石灰固体崩解，孔隙体积增大；从而对桩间土产生较大的膨胀挤密作用。由于这种胶凝反应随龄期增长，所以可提高桩身及桩间土的后期强度。此外，当桩身填料含有水泥时，水泥的水化胶凝作用也会增加桩身强度。

（6）不同锤形加固机理及效果也不尽相同，应依土质及设计要求进行选择。

8.1.3　柱锤冲扩桩承载力

8.1.3.1　复合地基承载力

柱锤冲扩桩复合地基承载力特征值，应通过现场复合地基载荷试验确定。初步设计时也可按下式进行估算：

$$f_{spk} = m\frac{R_a}{A_p} + \beta(1-m)f_{sk} \tag{8-1}$$

式中　f_{spk}——复合地基的承载力特征值（kPa）；

R_p——单桩竖向承载力特征值（kN）；

A_p——桩的横截面积（m^2）；

f_{sk}——桩间土加固后承载力特征值（kPa）；

β——桩间土承载力折减系数，可根据土质情况取 0.80～0.95。

8.1.3.2 单桩竖向承载力特征值

单桩竖向承载力特征值，应通过现场静载荷试验确定。初步设计时也可按下式进行估算：

$$R_a = \alpha_p q_p A_p + u_p \sum q_{si} l_i \tag{8-2}$$

式中 α_p——桩端阻力修正系数，可取1.0～1.2；

q_p——桩端阻力特征值，可按规范或地区经验选用（kPa）；

A_p——桩的横截面积；

u_p——桩身周长（m）；

q_{si}——桩侧第 i 层土的测阻力特征值，可按规范或地区经验选用（kPa）；

l_i——桩穿越第 i 层土厚度（m）。

8.1.3.3 桩身水泥粒料（混凝土）抗压强度

$$f_{cu} \geqslant 3\frac{R_a}{A_p} \tag{8-3}$$

式中 f_{cu}——与桩身水泥粒料（混凝土）配合比相同室内击实试样在标准养护条件下，28d龄期抗压强度平均值（kPa）。

8.1.4 柱锤冲扩桩施工工艺

（1）机具就位：施工机具就位，使柱锤对准桩位。

（2）成孔：采用柴油打夯桩机钻孔成孔，成孔直径500mm，深度达到设计深度。柱锤冲扩桩的成桩用柴油打夯桩机，是将备制好的水泥土分层填入预钻孔内，再用600Kg柱状锤进行夯实。每米成桩不少于三层。成桩桩体基本呈圆柱体，顶部平整，平均桩径≥650mm。成孔机械表面有明显的进尺标记，现场通过在管桩上定标识以此来控制成孔深度.

（3）孔内填料、成桩：用标准料斗或运料车将拌和好的填料分层填入桩孔，用柱锤夯实形成桩体。锤的质量、锤长、落距在确定的情况下，通过工艺试验确定分层填料量、夯击次数。每个桩孔应夯填至桩顶设计标高以上至少0.5m，其上部桩孔宜用原槽土夯封。施工中技术人员做好每根桩的记录，并对发现的问题及时进行分析处理。

（4）移位：施工机具移位，重复上述步骤进行下一根桩施工。柱锤冲扩法施工夯击能量大，易发生地面隆起，造成表层桩和桩间土出现松动，从而降低处理效果，因此成孔及填料夯实的施工顺序宜间隔进行。施工中采用间隔跳打法。

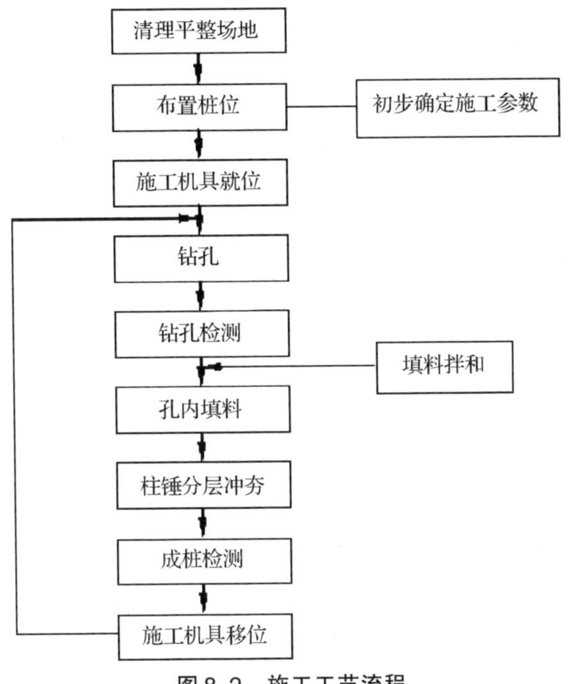

图 8.2　施工工艺流程

8.2　柱锤冲扩桩桩身再生骨料基本性能分析

根据我国地基处理规范规定，柱锤冲扩桩可采用碎砖三合土、级配砂石、矿渣、灰土、水泥混合土等作为柱锤冲扩桩体材料。规范推荐采用碎砖三合土（生石灰:碎砖:黏性土 =1:2:4)，并对其填料要求及配合比做了明确规定。当采用其他填料时，规范建议应结合当地情况经试验确定填料配比及适用性。柱锤冲扩桩除了建筑渣土、碎砖三合土仍广泛采用以外，其他各种无机物料及黏结性材料的应用也多有报道，级配砂石、水泥土、干硬性水泥砂石料等也陆续开始采用。

本应用将以广钢新城改造项目为依托，联合“广钢新城建筑废弃物处置示范基地”，拟将旧改项目拆迁的建筑废弃物骨料替换柱锤冲扩桩桩体材料中的天然无机粒料，通过试验分析确定最佳的桩体材料配合比，以满足桩体强度和变形要求，为后续柱锤冲扩水泥再生粒料桩工程应用提供技术支持。

8.2.1 再生粗骨料破碎工艺

(1) 破碎方法及原理

自然界的岩石在破碎机中能够粉碎主要需要克服两种内聚力：一种是作用于岩石晶体内部的、晶体各质点之间的内聚力；另一种是作用于岩石晶体之间和晶体表面的内聚力。另外，岩石破碎的难易程度会与晶体本身的性质、结构及晶体中的错位和微裂纹有很大关系。虽然目前市场上出现的破碎机械类型繁多，但按施加外力的方法不同，物料的常用破碎方式可归纳为如下五种：

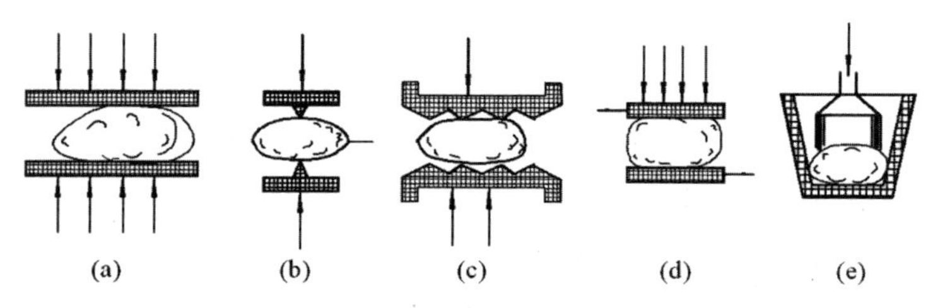

图 8.3 破碎方法示意图

① 挤压法：物料夹在两个工作面之间，通过施加逐渐增大的静压力，从而破坏岩石晶体内部的晶体各质点之间的内聚力以及作用于岩石晶体之间和晶体表面的内聚力，将物料破碎，见图 8.3 (a)；

② 劈裂法：物料搁在尖棱工作体间受尖棱楔入，整体所受应力集中于两个契点上，物料因拉力应力破碎，见图 8.3 (b)；

③ 折碎法：利用上下两相吻合牙钣，当岩石块在张开的牙钣中，牙尖逼近岩石时，所施加的压力形成三支点的折断作用，其作用力与简支梁集中加荷的受力相当，岩石承受弯曲作用而折碎。此种折碎法适用于脆性岩石的破碎，见图 8.3 (c)；

④ 磨削法：物料在两个做相对运动的工作面，靠运动的工作面对物料摩擦时所施加的剪切力，或者靠物料彼此之间摩擦时的剪切作用而使物料破碎，见图 8.3 (d)；

⑤ 冲击法：物料受瞬间冲击力作用而破碎。产生冲击力的原因是运动的工作体对物料的冲击；高速运动的物料向固定的工作面冲击；高速运动的工作体向悬空的物料冲击；高速运动的物料体相互冲击，见图 8.3 (e)。

因为破碎机的不同型号，破碎物料的方法也不尽相同，所以在一台破碎机中也不是单纯使用一种方法，通常是由两种或两种以上的方法结合起来进行破碎的。

（2）破碎机械选用原则

石料的破碎应根据物料的性质、尺寸及需要破碎的程度来选用恰当的破碎方法。对于坚硬物料的粗、中破碎，宜采用挤压法；对于脆性和软质的破碎，宜用冲击法或劈裂法；对粉磨破碎一般采用磨削法和冲击法；对于黏湿物料，如韧性物料采用磨削法或挤压法。冲击法应用范围较广，可用于破碎和粉磨。目前使用冲击法进行破碎的机械日益普及。

根据破碎方法的不同，破碎机械可分为以下几类（见图 8.4）。

① 以挤压破碎为主的破碎机：如颚式破碎机、圆锥破碎机及辊式破碎机等；

② 以冲击破碎为主的破碎机：如锤式破碎机、反击式破碎机及冲击式破碎机等；

③ 以挤压兼磨削为主的破碎机：如辊式磨机（棒磨机）、轮辗机等；

④ 以碰击兼磨削为主的破碎机：如球磨机、振动磨机及自磨机等。

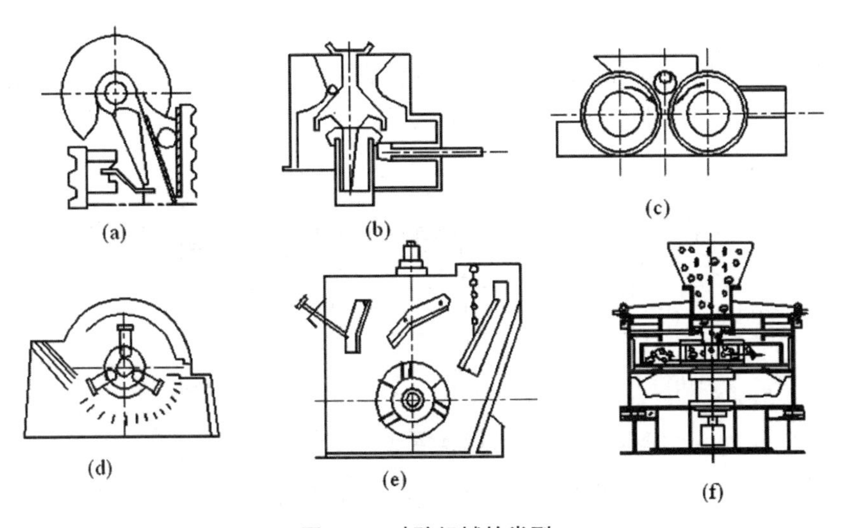

图 8.4　破碎机械的类型

（a）颚式破碎机（b）圆锥式破碎机（c）辊式破碎机

（d）锤式破碎机（e）反击式破碎机（f）冲击式破碎机

一般来说，破碎机械的选择是根据破碎的级别而定的，破碎机的设计制造也是根据破碎的级别而定的。为了使得破碎级次与破碎机械的选择相互适应，表 8.1 提供了骨料粒度与破碎机械的选择范围，可供参考。

表 8.1　骨料粒度范围与破碎机械的选择

破碎机械分类	入料尺寸（mm）	出料尺寸（mm）	破碎机械的选择
粗碎机械	350～1200	100～350	颚式、旋回式、颚旋式、颚辊式、旋回圆锥式、双抽锤式
中碎机械	100～350	20～100	标准圆锥式、中型圆锥式、菌形圆锥式、反击式、锤式
细碎机械	20～100	<20	短头圆锥式、菌形圆锥式
制砂机械	<35	<5	棒磨式、冲击式

（3）破碎机械设备的选用评价

目前在再生骨料的生产过程中，一般采用三级破碎工艺，即粗碎、中碎、制砂机破碎。在粗碎中最常用的采用颚式破碎机（见图 8.4（a）），中碎一般采用反击式破碎机（见图 8.4（e）），制砂机械一般采用棒磨式或冲击式破碎机（见图 8.4（f）），其中以冲击式破碎机居多。

① 反击式破碎再生骨料（石屑）评价

针对反击式破碎机来说，生产出的砂是块石经过粗碎和中碎后通过振动筛筛选出的粒径小于 5mm 的物料，也称为“石屑”，其简单制砂工艺流程图见图 8.5。

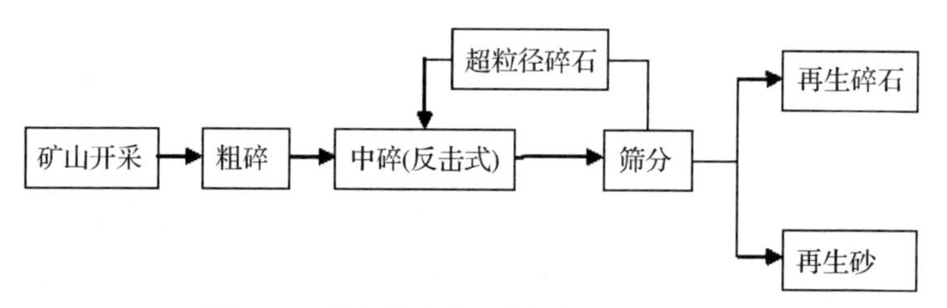

图 8.5　反击式破碎再生骨料工艺流程图

反击式破碎机对物料破碎的主要机构为板锤和反击板。当物料由入料口进入板锤作用区时，受到板锤的高速冲击而破碎，同时强大的冲击力将物料抛射到安装在转子上方的反击板上，受到猛烈的碰撞进行再次破碎，然后又从反击板上弹回到板锤的作用区，使不同大小的矿石在破碎过程中自然分化，大粒度物料重复破碎，直到物料破碎到所需要的粒度，由排料口排出为止。反击式破碎机实物见图 8.6。

影响反击式破碎机破碎能力和产品粒度的因素主要是转子的速度、反击式破碎机板锤间隙、原料的入料粒度及湿度和反击式破碎生产填料饱和能力。

图 8.6　反击式破碎机实物图

② 冲击式破碎再生骨料评价

针对冲击式破碎机来说，生产出的砂是某一粒径碎石经过立式冲击破碎机进行破碎，经过筛分得到的，被称为再生骨料，其简单制砂工艺流程图见图 8.7。

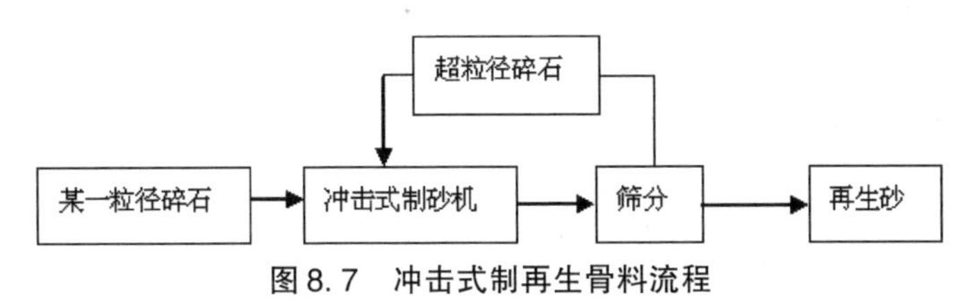

图 8.7　冲击式制再生骨料流程

物料由机器上部垂直落入高速旋转的叶轮内，在高速离心力的作用下，与另一部分以伞状形式分流在叶轮四周的物料产生高速撞击与粉碎，物料在互相撞击后，又会在叶轮和机壳之间以物料形成涡流多次的互相撞击、摩擦而粉碎，从下部直通排出，形成闭路多次循环，由筛分设备控制达到所要求的成品粒度（见图 8.8）。其特点是：破碎率高、产量大、能量消耗小；具有细碎、粗磨功能；受物料水分含量影响小，含水分可达 8% 左右；产品成立方体，颗粒形状好。

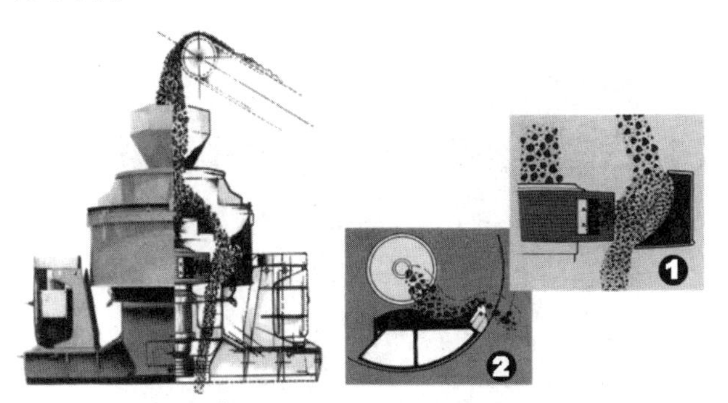

立式冲击式制砂机剖面图　　①剖视状态；②石料在旋盘中的平面流态

图 8.8　冲击式破碎机剖视图及石料破碎原理示意图

影响冲击式破碎机破碎能力和产品粒度的因素主要是破碎机转子的线速度、物料的含水量、石料的入料粒度和填装料的饱和能力。

一般而言，冲击式破碎机生产再生骨料粒型呈圆形颗粒状，粒型较好。反击式破碎机生产的再生骨料棱角较多，粒型较差。一般可采取将粒型较差的再生骨料经过冲击式破碎机再次破碎、整形，弥补反击式破碎的不足。冲击式破碎机为专业制砂机，再生骨料产量比反击式破碎机高，所以在实际生产中建议采用反击式和冲击式破碎机联合制砂，可获得粒型好、级配好、产量高的再生骨料。

8.2.2 再生粗骨料（碎石）工程特性

根据《GB T 25176－2010 混凝土和砂浆用再生细骨料》要求，以及柱锤冲扩水泥粒料桩桩身填料强度性能需求，项目组对拟采用的再生粗骨料的微粉含量/含泥量、表观密度、吸水率、压碎指标和最大干密度进行检验，项目组对广钢新城生产的再生粗骨料进行相关试验，试验方法和标准遵循《GB_T 14685－2011 建设用卵石、碎石》《JGJT 240－2011 再生骨料应用技术规程》《JGJ 52－2006 普通混凝土用砂、石质量及检验方法标准》。

图 8.9　再生碎石取样及试验样品

图 8.10　筛分试验

广钢新城改造项目建筑废弃物制备的再生细骨料其试验结果如表 8.2 所示：

表 8.2　广钢新城“旧改”项目再生粗骨料样品 1 检测结果

试验单位：	广交院建材试验室	报告编号：	ZSCGL－20160429－1
工程名称：	广钢新城“旧改”项目建筑废弃物处置示范基地	取样日期：	2016/4/29
产地规格：	建筑废弃物制备再生粗骨料	取样地点：	1#拌合站
代表数量：	600t	试验日期：	2016/4/29
使用部位：	再生混凝土	报告日期：	2016/5/4

试验项目	标准规定值			试验结果
	Ⅰ类	Ⅱ类	Ⅲ类	
表观密度(kg/m^3)	>2450	>2350	>2300	2410
堆积密度(kg/m^3)	>1350	>1300	>1200	1311
松散空隙率（%）	<47	<50	<53	52
微粉含量（%）	<1.0	<2.0	<3.0	2.44
泥块含量（%）	<0.5	<0.7	<1.0	0.2
吸水率（%，按质量计）	<3.0	<5.0	<7.0	6.7
压碎指标（%）	<12	<20	<30	25

颗粒级配

筛孔尺寸（mm）	90	75	63	53	37.5	31.5	26.5	19	16	9.5	4.75	2.36
标准规定累计筛余（%）	/	/	/	/	/	/	/	/	0～10	30～60	85～100	95～100
实际累计筛余(%)	/	/	/	/	/	/	/	/	2	43	97	100

符合粒级	符合 5～16mm 连续粒级要求	最大粒径（mm）	14.5

检测评定依据	试验意见
检测评定依据：《GB T 14685－2011 建设用卵石、碎石》《JGJT 240－2011 再生骨料应用技术规程》《JGJ 52－2006 普通混凝土用砂、石质量及检验方法标准》	试验意见：合格，Ⅲ类再生粗骨料。该批样品所检项目试验结果符合《JGJ 52－2006 普通混凝土用砂、石质量及检验方法标准》中混凝土（强度等级≤C45）所用碎石要求。

表 8.3　广钢新城“旧改”项目再生粗骨料样品 2 检测结果

试验单位：	广交院建材试验室	报告编号：	ZSCGL－20160429－2
工程名称：	广钢新城旧改项目建筑废弃物处置示范基地	取样日期：	2016/4/29
产地规格：	建筑废弃物制备再生粗骨料	取样地点：	1#拌合站
代表数量：	600t	试验日期：	2016/4/29
使用部位：	再生混凝土	报告日期：	2016/5/4

试验项目	标准规定值			试验结果
	Ⅰ类	Ⅱ类	Ⅲ类	
表观密度（kg/m^3）	＞2450	＞2350	＞2300	2390
堆积密度（kg/m^3）	＞1350	＞1300	＞1200	1226
松散空隙率（%）	＜47	＜50	＜53	52
微粉含量（%）	＜1.0	＜2.0	＜3.0	2.60
泥块含量（%）	＜0.5	＜0.7	＜1.0	0.3
吸水率（%，按质量计）	＜3.0	＜5.0	＜7.0	6.75
压碎指标（%）	＜12	＜20	＜30	26

颗粒级配

筛孔尺寸（mm）	90	75	63	53	37.5	31.5	26.5	19	16	9.5	4.75	2.36
标准规定累计筛余（%）	/	/	/	/	/	/	/	/	0～10	30～60	85～100	95～100
实际累计筛余（%）	/	/	/	/	/	/	/	/	5	56	100	/

符合粒级	符合 5～16mm 连续粒级要求	最大粒径（mm）	14.9

检测评定依据：《GB_ T14685－2011 建设用卵石、碎石》《JGJT 240－2011 再生骨料应用技术规程》《JGJ 52－2006 普通混凝土用砂、石质量及检验方法标准》	试验意见：合格，Ⅲ类再生粗骨料。 该批样品所检项目试验结果符合《JGJ 52－2006 普通混凝土用砂、石质量及检验方法标准》中混凝土（强度等级≤C45）所用碎石要求。

由以上实验结果可以看出：再生骨料颗粒级配符合混凝土骨料级配曲线要求，此原料配比可以作为施工时的参考配比，可以用于制备再生混凝土，即可以用于柱锤冲扩水泥粒料桩桩身填料。

8.2.3　再生细骨料（砂）工程特性

再生细骨料（再生砂）相比天然砂在矿物组成、颗粒形状、表面形貌、质地、颗粒级配分布，特别是石粉含量方面有着独特的性质。为了更好地将再生砂应用到实际生产中，将对上述性质做出合理的分析。

根据《GBT 25176－2010 混凝土和砂浆用再生细骨料》要求，以及柱锤冲扩水泥粒料桩桩身填料强度性能需求，项目组对拟采用的再生细骨料的颗粒级配、细度模数、微粉含量、泥块含量、再生胶砂需水量比、表观密度、堆积密度、空隙率和压碎指标进行检验，项目组对广钢新城生产的再生细骨料进行相关试验，试验方法和标准遵循《GB T 25176－2010 混凝土和砂浆用再生细骨料》《JGJT 240－2011 再生骨料应用技术规程》《JGJ 52－2006 普通混凝土用砂、石质量及检验方法标准》。

广钢新城改造项目建筑废弃物制备的再生细骨料其试验结果如表 8.4 所示：

表 8.4　广钢新城“旧改”项目再生细骨料样品 1 检测结果

试验单位：	广交院建材试验室		报告编号：	ZSXGL－20160429－1
工程名称：	广钢新城“旧改”项目建筑废弃物处置示范基地		取样日期：	2016/4/29
产地规格：	建筑废弃物制备再生细骨料		取样地点：	1#拌合站
代表数量：	600t		试验日期：	2016/4/29
使用部位：	再生混凝土		报告日期：	2016/5/4
试验项目	标准规定值			试验结果
	Ⅰ类	Ⅱ类	Ⅲ类	
泥块含量（%）	<1.0	<2.0	<3.0	1.4
再生胶砂需水量比	<1.35	1.35－1.55	1.50－1.80	1.42
堆积密度（kg/m^3）	>1350	>1300	>1200	1237

续表

试验项目	标准规定值			试验结果
	Ⅰ类	Ⅱ类	Ⅲ类	
表观密度（kg/m³）	>2450	>2350	>2250	2418
空隙率（%）	<46	<48	<52	42
压碎指标（%）	<20	<25	<30	19

颗粒级配								
项目	标准规定值			试验结果				
筛孔公称粒径（mm）	Ⅰ类	Ⅱ类	Ⅲ类	累计筛余（%）	级配区属	细度模数	粗细程度	>10.0mm颗粒含量（%）
4.75	10－0	10－0	10－0	5	Ⅱ类	2.7	中砂	0
2.36	35－5	25－0	15－0	14				
1.18	65－35	50－10	25－0	26				
0.60	85－71	70－41	40－16	56				
0.30	95－80	92－70	85－55	88				
0.15	100－85	100－80	100－75	98				
检测评定依据：《GBT 25176－2010 混凝土和砂浆用再生细骨料》《JGJT 240－2011 再生骨料应用技术规程》《JGJ52－2006 普通混凝土用砂、石质量及检验方法标准》				试验意见：合格，Ⅲ类中砂。 该批样品所检项目试验结果符合《JGJ 52－2006 普通混凝土用砂、石质量及检验方法标准》中混凝土用砂要求。				

表 8.5　广钢新城旧改项目再生细骨料样品 2 检测结果

试验单位：	广交院建材试验室	报告编号：	ZSXGL－20160429－2
工程名称：	广钢新城“旧改”项目建筑废弃物处置示范基地	取样日期：	2016/4/29
产地规格：	建筑废弃物制备再生细骨料	取样地点：	1#拌合站
代表数量：	600t	试验日期：	2016/4/29
使用部位：	再生混凝土	报告日期：	2016/5/4

续表

试验项目	标准规定值			试验结果
	Ⅰ类	Ⅱ类	Ⅲ类	
泥块含量（%）	<1.0	<2.0	<3.0	1.6
再生胶砂需水量比	<1.35	1.35 - 1.55	1.50 - 1.80	1.51
堆积密度（kg/m^3）	>1350	>1300	>1200	1246
表观密度（kg/m^3）	>2450	>2350	>2250	2390
空隙率（%）	<46	<48	<52	47
压碎指标（%）	<20	<25	<30	19

颗粒级配

项目	标 准 规 定 值			试验结果				
筛孔公称粒径（mm）	Ⅰ类	Ⅱ类	Ⅲ类	累计筛余（%）	级配区属	细度模数	粗细程度	>10.0mm 颗粒含量（%）
4.75	10 - 0	10 - 0	10 - 0	3	Ⅱ类	2.6	中砂	0
2.36	35 - 5	25 - 0	15 - 0	17				
1.18	65 - 35	50 - 10	25 - 0	31				
0.60	85 - 71	70 - 41	40 - 16	59				
0.30	95 - 80	92 - 70	85 - 55	83				
0.15	100 - 85	100 - 80	100 - 75	99				
检测评定依据：《GBT 25176 - 2010 混凝土和砂浆用再生细骨料》《JGJT 240 - 2011 再生骨料应用技术规程》《JGJ 52 - 2006 普通混凝土用砂、石质量及检验方法标准》					试验意见：合格，Ⅲ类中砂。 该批样品所检项目试验结果符合《JGJ 52 - 2006 普通混凝土用砂、石质量及检验方法标准》中混凝土用砂要求。			

由以上实验结果可以看出：再生骨料颗粒级配符合混凝土骨料级配曲线要求，此原料配比可以作为施工时的参考配比，可以用于制备再生混凝土，即可以用于柱锤冲扩水泥粒料桩桩身填料。

8.3 柱锤冲扩桩法桩再生填料试验研究

柱锤冲扩桩法采用柱状细长锤提高将地基土层冲击成孔，反复冲击达到设计深度，边填料边用柱锤夯实形成扩大桩体，并与桩间土共同工作形成复合地基，加固机理以挤密为主。大量工程实践表明，将柱锤冲扩桩法桩再生填料作为柱锤冲扩桩桩身填料可以进一步提高桩身强度，改善桩身填料的均质性，并进一步增加桩身对桩周土的挤密效果。目前，柱锤冲扩桩法桩再生填料已有应用于柱锤冲扩桩桩身填料中的工程实例，而将再生骨料应用于柱锤冲扩桩法桩再生填料其各种工程特性尚不明确。因此，以柱锤冲扩再生混凝土桩为研究对象，对夯实再生混凝土的密度、配合比、夯击能、抗压强度等工程特性进行深入细致的室内试验研究具有重要的理论及实践意义，必将进一步完善柱锤冲扩桩法技术，为柱锤冲扩桩法新型桩身填料的工程应用提供有力的技术支持，为该工法进一步推广和应用提供技术依据。

8.3.1 试验方案

试验主要包括重型击实试验和抗压强度试验两部分。重型击实试验按照 JTJ 057《公路工程无机结合料稳定材料试验规程》中的 T0804—94 进行，目的是获得柱锤冲扩桩法桩再生填料的最佳配合比参数。

根据最佳配合比参数，进行柱锤冲扩桩法桩再生填料的抗压强度试验，研究其工程特性。抗压强度试验按照 GB/T 50081—2002《普通混凝土力学性能试验方法标准》进行。

具体试验内容如下。

（1）骨料的重型击实试验：试件按不同砂率击实成型，通过分析不同砂率时骨料击实试件的干密度变化规律找出最优砂率值。

（2）柱锤冲扩桩法桩再生填料的重型击实试验：根据最优砂率，按不同水泥掺入比进行柱锤冲扩桩法桩再生填料的重型击实试验，测定不同水泥掺入比下柱锤冲扩桩法桩再生填料击实试件的含水率及干密度，通过分析找出不同水泥掺入比时柱锤冲扩桩法桩再生填料的最佳配合比。

（3）柱锤冲扩桩法桩再生填料试件的无侧限抗压强度试验：分析不同水泥掺入比、不同养护龄期、不同养护条件、不同击实功、不同加水量情况下柱锤冲扩桩法桩再生填料的工程力学特性。

（4）将柱锤冲扩桩法桩再生填料与普通浇筑混凝土的强度特性进行对

比，分析柱锤冲扩桩法桩再生填料的工程特性，为柱锤冲扩桩法采用柱锤冲扩桩法桩再生填料作为桩身填料的工程应用提供技术支持。

8.3.1.1　再生填料试件的成型工艺

本试验中柱锤冲扩桩法桩再生填料试件采用重型击实仪击实成型，击实仪试验参数见表 8.6。击实后试件在自然条件下静置 24 h 后放脱模仪上脱模，脱模后称取试件质量并做记录，然后将试件放入养护室，待达到养护龄期后做试件的无侧限抗压强度试验。试件养护温度保持（20 ± 1）℃，相对湿度 >95%。

表 8.6　击实仪试验参数

锤重 /kg	锤击面直径 /cm	落高 /cm	试筒尺寸			锤击层数	每层锤击数	容许最大粒径/mm
			内径/cm	高/cm	容积/cm^3			
4.5	5.0	45	15.2	12.0	2177	3	94	40

柱锤冲扩桩法桩再生填料抗压试件的成型以其达到最佳密实状态作为控制标准。重型击实试验中，每组试验取 3 个平行试件，将试件的最大干密度及对应的最优含水量作为试件成型后的评价参数。

8.3.1.2　再生填料试件的抗压强度取值

柱锤冲扩桩法桩再生填料击实成型试件为圆柱体，尺寸为直径 15.2 cm，高 12 cm，为非标准试件，其高宽比为 $L/d = 0.80$。由各种高宽比试件对 15cm 直径基准试件的强度换算系数可知，对相同尺寸的普通浇筑混凝土试件来说，击实成型试件对 15cm 直径标准圆柱体试件的强度换算系数为 0.82，而标准立方体试件对 15cm 直径标准圆柱体试件的强度换算系数为 0.80，两者相差不大。

因此，对普通浇筑混凝土来说，直径 15.2cm、高 12cm 的非标准试件的抗压强度可近似看作标准立方体试件的抗压强度。

因为试件断面形状不同而尺寸相近时，强度指标的差别很小。因此，柱锤冲扩桩法桩再生填料圆柱体非标准试件的抗压强度可近似看作柱锤冲扩桩法桩再生填料标准立方体试件的抗压强度。

8.3.2　柱锤冲扩桩法桩再生填料配合比参数

8.3.2.1　再生骨料（砂子 + 石子）重型击实试验

试验材料为碎石（最大粒径 $d_{max} \leqslant 40$ mm）和中砂。选用砂率 $\alpha_s = 20\%$、25%、30%、35%、40%，每种砂率下分别配制 5 种不同含水率的骨料进行击实试验，然后测定击实试件的含水率、密度及干密度（即 ω、ρ、ρ_d）。

试验结果如图 8.11、8.12 所示。由图 8.11 可知，在同一砂率下，骨料击实试件的干密度随含水量增大呈抛物线形变化。由图 8.11 中曲线可以获得该砂率下骨料的最大干密度及其对应的最优含水率。由图 8.12 可知，不同砂率下，夯实骨料的最大干密度不同，其对应的最优含水率也不同。

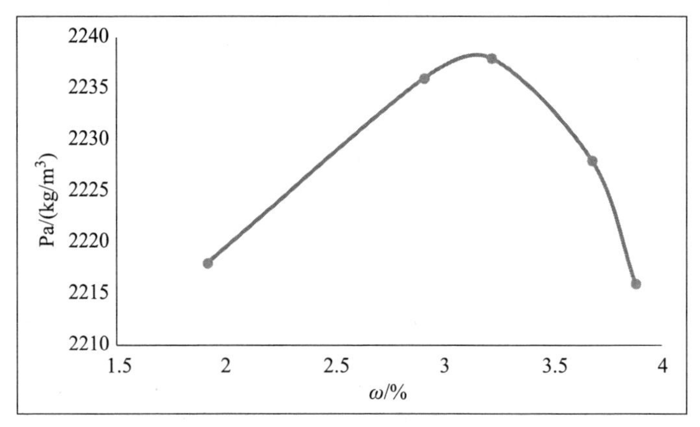

图 8.11　骨料含水率与干密度关系（α_s =20%）

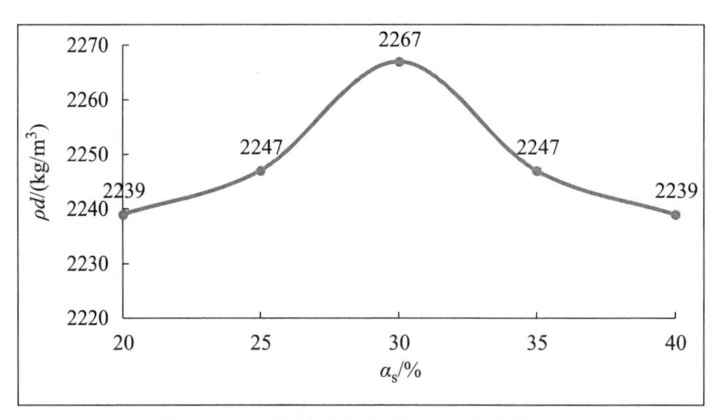

图 8.12　骨料砂率与最大干密度关系

随着砂率的增大，夯实骨料的最大干密度服从正态分布。当 α_s = 30% 时，夯实骨料的最大干密度值为 $\rho_{d\max}$ = 2267kg/m^3，为五组砂率中的最大值。

由于本次试验采用最佳密实状态作为击实试件的控制标准，干密度最大时骨料可达最佳密实状态，因此所有最大干密度中的最大值对应的砂率值 α_s = 30% 即可确定为最佳砂率，其对应的骨料最优含水率为 ω_{op} = 4.42%。

8.3.2.2　再生填料重型击实试验

试验采用 PO 32.5 级水泥，取最佳砂率 α_s = 30%，水泥掺入比取 5 个不同水平，分别为 $\alpha_c = 0.05$、0.10、0.15、0.20、0.25，配制含水率参照骨料击实试验中 $\alpha_s = 30\%$（$\alpha_c = 0$）时的最优含水率值 $\omega_{op} = 4.4\%$ 上下调整。

在同一水泥掺入比下，柱锤冲扩桩法桩再生填料击实试件的干密度随着含水率的增大呈抛物线形变化趋势，如图 8.13 所示，其最大干密度值对应着最优含水率。

不同水泥掺入比下柱锤冲扩桩法桩再生填料的最大干密度 ρ'_{dmax} 不同，如图 8.14 所示，其最优含水率 ω'_{op} 也不同。

由图 8.14 可知，砂率为 30% 时，随着水泥掺入比的增大，柱锤冲扩桩法桩再生填料的最大干密度呈抛物线形分布。

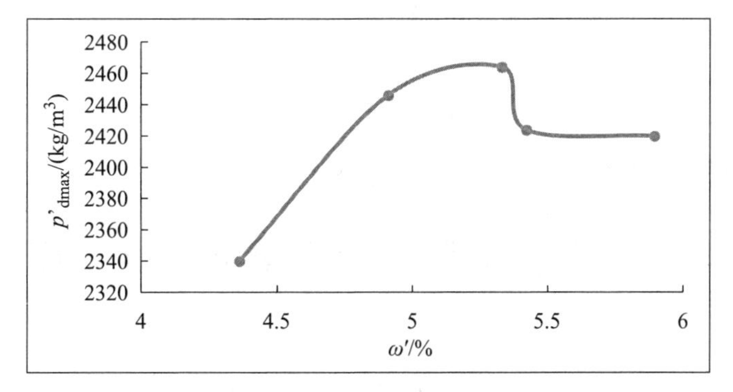

图 8.13　骨料含水率与干密度关系（$\alpha_s = 20\%$）

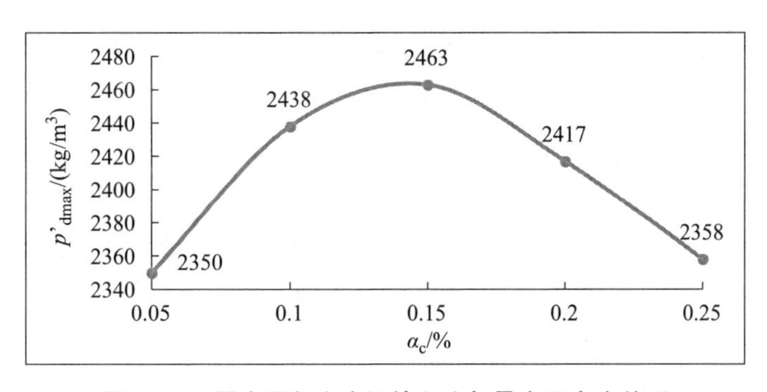

图 8.14　再生混凝土水泥掺入比与最大干密度关系

当 $\alpha_c = 0.15$ 时，夯实混凝土的最大干密度值为五组不同水泥掺入比条件下的最大值，即 $\rho_{dmax} = 2463\text{kg/m}^3$，相应的密度为 2592kg/m^3。不同水泥掺入比下，柱锤冲扩桩法桩再生填料的最佳配合比参数总结如表 8.7。其中，以 $\alpha_c = 0.15$ 为最佳水泥掺入比，此时，柱锤冲扩桩法桩再生填料的最优含水率为 $\omega'_{op} = 5.25\%$。

表 8.7　再生混凝土最佳配合比参数

水泥掺入比 α_c	水灰比 α_w	含水量 ω'_{op} / %
0.05	0.92	4.36
0.10	0.53	4.83
0.15	0.40	5.25
0.20	0.34	5.63
0.25	0.30	5.93

8.3.2.3　再生填料配合比参数

柱锤冲扩桩法桩再生填料达最佳密实状态时的配合比为：$\alpha_c = 0.15$、$\alpha_s = 30\%$、$\omega'_{op} = 5.25\%$。柱锤冲扩桩法桩再生填料在此配合比下击实时可达最佳密实状态。密实后的混凝土不但强度较高，而且孔隙较少，能抵御磨损、冲刷等外力，抵御腐蚀介质的侵入，因而将大大提高其耐久性。

8.4　柱锤冲扩桩法桩再生填料工程特性分析

影响柱锤冲扩桩法桩再生填料工程特性的因素很多，如水泥掺量、水泥品种及强度等级、骨料粒径及级配、外掺剂、含水量、养护条件、养护龄期、成型工艺及施工质量等。本试验主要研究柱锤冲扩桩法桩再生填料在不同水泥掺入比、不同养护龄期、不同养护条件、不同击实功及不同含水率条件下的强度变化规律。

8.4.1　水泥掺入比对无侧限抗压强度的影响

柱锤冲扩桩法桩再生填料以不同水泥掺入比下的最佳配合比配制并击实成型。成型试件标准养护 28d。无侧限抗压强度试验结果如图 8.15 所示。

试验结果表明，随着水泥掺入比的增大，柱锤冲扩桩法桩再生填料的无侧限抗压强度是逐渐增大的。水泥掺入比与抗压强度近似呈线性相关关系。水泥掺入比 α_c 由 0.05 增大到 0.25 时，柱锤冲扩桩法桩再生填料试件的抗压强度值增大了近 2.5 倍。

由此可见，柱锤冲扩桩法桩再生填料的抗压强度在很大程度上取决于水泥的数量。但水泥用量并非越多越好，过多的水泥用量，虽可获得强度的增长，但经济上是不合理的。因此，应根据实际工程需要选择适当的水泥掺入比。

以 α_c =0. 10 为分界点，柱锤冲扩桩法桩再生填料水泥掺入比与抗压强度的线性回归方程可分段表示，如图 8. 15 所示。利用此方程，即可得出柱锤冲扩桩法桩再生填料的抗压强度与水泥掺入比的对应关系。

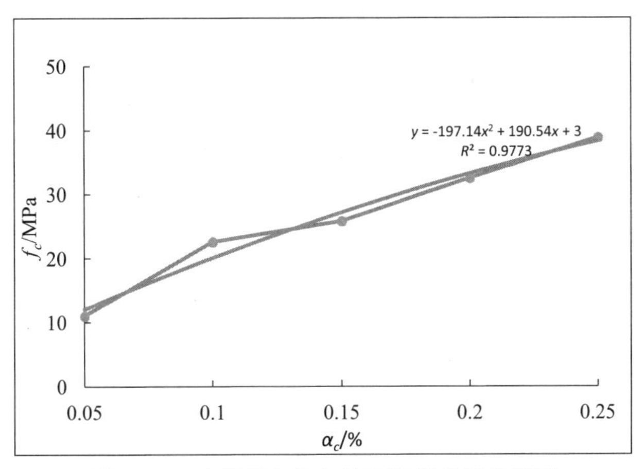

图 8. 15　水泥掺入比与抗压强度关系曲线图

8. 4. 2　养护龄期对无侧限抗压强度的影响

柱锤冲扩桩法桩再生填料以其达最佳密实状态时的配合比配制并击实成型，分别进行不同龄期的养护，然后进行无侧限抗压强度试验，试验结果见表 8. 8。

表 8. 8　再生混凝土在不同养护龄期下的抗压强度

养护龄期/d	试件抗压强度 f_c/MPa	相对抗压强度
3	17. 9	0. 57
7	24. 2	0. 77
14	31. 5	1. 00
28	29. 9	0. 95
60	31. 6	1. 00

试验结果表明，柱锤冲扩桩法桩再生填料在标准养护条件下的无侧限抗压强度在 14d 内发展较快，14d 后增长很少，强度增长主要发生在 14d 龄期内。3d 龄期时的强度约为 14d 龄期时的 57%，7d 龄期时的强度约为 14d 龄期时的 77%，14d 龄期时强度已基本发展完成。之后随着龄期的增大，强度不再明显增大，基本围绕在 14d 龄期时的强度值上下波动。有资料表明，低

水灰比的混凝土具有早强效应。

柱锤冲扩桩法桩再生填料试件以其达最佳密实状态时的配合比配制时的水灰比为0.40，较普通浇筑混凝土小，因此，水灰比低是促进柱锤冲扩桩法桩再生填料强度发展较快的重要原因。

8.4.3 养护条件对无侧限抗压强度的影响

柱锤冲扩桩法桩再生填料以其达最佳密实状态时的配合比配制并击实成型，除标准养护外，分别在土中及水中养护不同龄期，然后进行无侧限抗压强度试验，试验结果见表8.9。

表8.9 再生混凝土试件在不同养护环境下的抗压强度

养护龄期/d	试件抗压强度 f_c/MPa			相对抗压强度		
	标养	水中	土中	标养	水中	土中
7	24.2	22.6	21.9	0.77	0.80	0.74
14	31.5	28.1	29.6	1.00	1.00	1.00
28	29.9	30.0	28.3	0.95	1.07	0.96
60	31.6	32.1	30.1	1.00	1.14	1. 06

由表8.9数据可知，柱锤冲扩桩法桩再生填料在水中及饱和土中养护时，随着养护龄期的增加，其强度增长规律和标准养护条件下一致，即无侧限抗压强度增长主要发生在14d龄期内。另外，在同一养护龄期、不同养护条件下，柱锤冲扩桩法桩再生填料的强度变化并不大，试件在14d龄期时的无侧限抗压强度差值不超过平均值的4%。其原因可归结为在这3个不同的养护环境下，温度和湿度条件相差不大，保证了试件中水泥的充分水化及水解作用。可见，柱锤冲扩桩法桩再生填料不论是标准养护、水中还是饱和土中养护，强度均能得到很好的发展，养护环境的改变对柱锤冲扩桩法桩再生填料强度发展的影响并不明显。

本次试验研究发现，养护温度及养护湿度是养护条件中的关键因素。其中，“早期”养护湿度对柱锤冲扩桩法桩再生填料强度的发展影响巨大。柱锤冲扩桩法桩再生填料试件在成型后静置24h时间内，是水泥水化的关键时期，如果试件裸露面积较大而环境又较为干燥时，低水灰比的柱锤冲扩桩法桩再生填料内水分就很容易蒸发散失，甚至使残余的水量不能满足水化需要。因此，在静置的24h内，未脱模试件的顶面必须用塑料薄膜覆盖，否则将导致水分蒸发散失，水泥水化受到阻滞，而且还会引起收缩变形，最后严重影响试件的抗压强度。例如，研究开始阶段不同配合比的柱锤冲扩桩法桩再生填料试件在静置 24h 时间内未用塑料薄膜覆盖时，当水泥掺入比为 0.15、水灰比为 0.30、砂率为 33% 时，标养 28d 后的无侧限抗压强度仅为 11.1MPa，而试件在早期 24h 内用塑料薄膜覆盖后标养 28d 的抗压强度却可达到 30 MPa，可见前期 24 h 内水分的损失对试件强度影响之大。

因此，柱锤冲扩桩法桩再生填料的初期养护湿度对其强度发展的影响必须引起足够的重视。实际工程中，柱锤冲扩柱锤冲扩桩法桩再生填料桩在成桩后必须做好前期的保湿养护，避免桩头由于环境干燥而导致水分的损失，进而影响到柱锤冲扩桩法桩再生填料桩的强度。

8.4.4　击实功对无侧限抗压强度的影响

柱锤冲扩桩法桩再生填料以其达最佳密实状态时的配合比配制，然后按不同的击实功（用不同的击实次数来反映）将其击实成型，成型试件标准养护 28d，然后进行无侧限抗压强度试验。

击实功对试件质量密度、抗压强度的影响结果见表 8.10。

表 8.10　再生混凝土试件在不同击实功下的质量密度、抗压强度

击实功 Q/（kN · m）/m^3	单层锤击次数 n/次	试件质量密度 ρ' / kg/m^3	相对质量密度	试件抗压强度 f_c/MPa	相对抗压强度
191	7	2376	0.94	18.4	0.66
382	14	2507	0.99	23.2	0.83
655	24	2529	1.00	27.9	1
1201	44	2529	1.00	30.5	1.09
1746	64	2530	1.00	31.9	1.14
2292	84	2527	1.00	30.5	1.09
2565	94	2536	1.00	30.4	1.09
2838	104	2537	1.00	29.8	1.07
3111	114	2541	1.00	30.7	1.10

当击实功 Q = 655（kN · m）/m^3（击实仪单层击实次数为 24 次）时，柱锤冲扩桩法桩再生填料已达到较好的密实状态，其抗压强度也得到了较充分的发展。

因此，可取最小击实功为 655（kN · m）/m^3。经试验观察，当柱锤冲扩桩法桩再生填料以其达最佳密实状态时的配合比配制时，柱锤冲扩桩法桩再生填料拌合物已具有少许的流动性，在重锤的击实振动下，拌合物依靠自身的流动性可在较小的击实功下达到较好的密实状态。但拌合物的流动性能与普通混凝土相比还是比较低的，一般的振捣还不足以使其达到好的密实状态，因此，重锤的夯击对提高柱锤冲扩桩法桩再生填料的密实性是十分必要的。

8.4.5 含水率对无侧限抗压强度的影响

柱锤冲扩桩法桩再生填料的配合比参数取砂率 $\alpha_s=30\%$，水泥掺入比 $\alpha_c=0.15$，含水率取 5 个不同的水平，成型试件标准养护 28d，然后进行抗压强度试验。加水量对试件无侧限抗压强度的影响见表 8.11。

表 8.11　再生混凝土试件在不同含水率下的抗压强度

含水率 ω'/%	水灰比 α_w	试件抗压强度 f_{cu}/MPa
4.36	0.33	35.6
4.93	0.38	33.2
5.25	0.40	29.9
5.41	0.41	21.2
5.85	0.45	17.0

有资料表明，水泥完全水化时的水灰比为 0.24。由表 8.11 可知，在水泥完全水化的前提下，随着含水率的增大，柱锤冲扩桩法桩再生填料无侧限抗压强度逐渐减小。含水量由 4.36% 增大到 5.85% 时，强度降低了近 50%。但是，含水率也不能太小，当混合料中含水不足时，就不能保证水泥的完全水化和水解作用，柱锤冲扩桩法桩再生填料的强度就不能得到充分发展，因此不同水泥掺入比时应取其相应的最优含水率。

8.5　再生填料与普通填料强度特性对比

根据图 8.15 中的回归方程可推算出柱锤冲扩桩法桩再生填料达到不同抗压强度时的水泥掺入比，参考不同强度等级普通浇筑混凝土的配合比参数即可绘制出柱锤冲扩桩法桩再生夯实混凝土及普通浇筑混凝土的水泥掺入比与抗压强度关系曲线，见图 8.16。数据对比如表 8.12 所示。

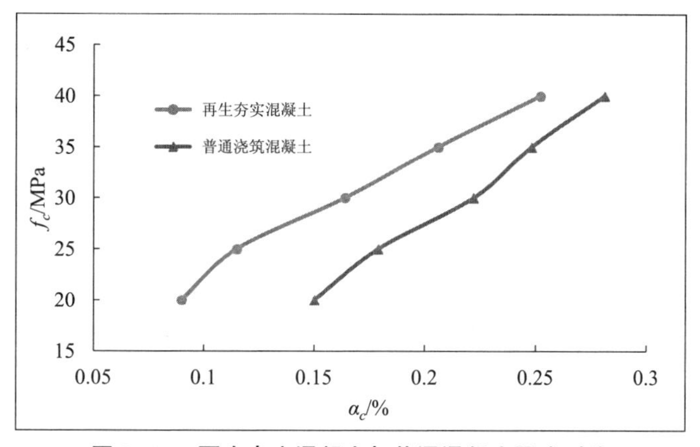

图 8.16　再生夯实混凝土与普通混凝土强度对比

表 8.12　再生夯实混凝土与普通混凝土水泥掺入比

抗压强度/MPa	水泥掺入比		降低率/ %
	普通浇筑混凝土	夯实混凝土	
20	0.15	0.09	40
25	0.19	0.11	42
30	0.22	0.16	27
35	0.24	0.20	17
40	0.28	0.25	11

由图 8.16 可知，相同强度下，柱锤冲扩桩法桩再生填料的水泥掺入比较普通浇筑混凝土的明显要小。表 8.12 数据显示，抗压强度较低时，柱锤冲扩桩法桩再生填料达到相同强度的水泥掺入比 α_c 较普通浇筑混凝土 α_c 小很多，说明了此时柱锤冲扩桩法桩再生填料在较少的水泥用量下即可达到较高的强度。之后，随着强度的提高，柱锤冲扩桩法桩再生填料的水泥掺入比 α_c 较普通浇筑混凝土 α_c 的降低幅度有所下降，但柱锤冲扩桩法桩再生填料仍可在相对较少的水泥用量下达到较高的强度。当强度达到 40MPa 或更大时，柱锤冲扩桩法桩再生填料和普通浇筑混凝土的 α_c 接近，柱锤冲扩桩法桩再生填料水泥掺量少的优势不再明显，也需要依靠水泥掺量的显著增大来获得强度上的提高。

因此，总体而言，柱锤冲扩桩法桩再生填料在较少的水泥用量下即可达到较好的强度，其强度特性比普通浇筑混凝土要好。表 8.12 试验数据表明，当水泥掺入比 α_c 为 0.15 ~ 0.20 时，柱锤冲扩桩法桩再生填料的无侧限抗压强度较普通浇筑混凝土提高了 30% ~45%。此外，低水灰比的柱锤冲扩桩法桩再生填料强度发展远比普通浇筑混凝土要快，标养条件下，柱锤冲扩桩法桩再生填料强度在 14d 龄期内基本得到 100% 的增长，而普通浇筑混凝土的强度得到充分发展至少要标养 28d。

因此，采用柱锤冲扩桩法桩再生填料作为柱锤冲扩桩的桩身填料，可大大加快施工进度。综上所述，采用柱锤冲扩桩法桩再生填料作为柱锤冲扩桩的桩身填料，可大量节约水泥，同时，可大大加快施工进度。因此，与普通浇筑混凝土相比，柱锤冲扩桩法桩再生填料的经济效益更为突出。

参考文献

[1]王璐,陈艳,伏凯. 新加坡建筑垃圾管理经验研究及借鉴[J]. 中国环保产业,2020(04):40 -42.

[2]宁培淋,王维成,史宏彦,徐凯燕. 散体材料桩用大粒径再生碎石力学试验研究[J]. 湖南科技大学学报(自然科学版),2016,31(2):78 -81.

[3]宁培淋,杨锐,王维成. 基于离散元法的碎石桩单桩承载特性研究[J]. 新型建筑材料,2016(4):40 -43,54.

[4]杨锐,宁培淋,阮广雄. 建筑废弃物再生骨料复合地基的应力应变分析与探讨[J]. 中国水运,2010,10(6):201 -202.

[5]宁培淋,杨锐,蒋英礼,刘浩. 用于散体材料桩骨料的大粒径再生碎石物理试验研究[J]. 广东土木与建筑,2015(01):32 -33,36.

[6]张建同,杨锐. 用建筑废弃物做再生骨料的 CFG 桩的分析与研究[J]. 中国水运,2009,9(2):163 -165.

[7]杨锐,张建同. 关于再生骨料 CFG 桩的综合性能研究[J]. 河南理工大学学报(自然科学版),2010,29(3):387 -390 +405.

[8]杨锐,阮广雄,李佰承. 用建筑废弃物桩处理软弱地基及模糊对比分析[J]. 河南理工大学学报,2010(8):522 -526.

[9]唐蓉,李如燕. 建筑废弃物的危害及资源化[J]. 中国资源综合利用,2007(11):25 -27.

[10]王莲伟,魏志清. 西安市建筑废弃物现状分析及再利用措施[J]. 建筑科学与工程学报,2007,24(3):91 -94.

[11]Lulu Liu, Zhe Li, Guojun. Ca. Humidity field characteristics in road embankment constructed with recycled construction wastes[J]. Journal of Cleaner Production, 2020 (31): 1252 -1260.

[12] Lawrence Lesly Ekanayake, George Ofori. Building waste assessment score design - based tool[J]. Building and Environment,2014(39):851 -861.

[13]C. Llatas. A model for quantifying construction waste in projects according to the European waste list[J]. Waste Management,2011(31):1261 -1276.

[14]Amnon Katz, Hadassa Baum. A novel methodology to estimate the evolu-

tion of construction waste in construction sites[J]. Waste Management,2011(31):353-358.

[15]Nabil Kartam,Nayef Al-Mutairi,Ibrahim Al-Ghusain,Jasem Al-Humoud. Environmental management of construction and demolition waste in Kuwait [J]. Waste Management,2018(24):1049-1059.

[16]Wen-Ling Huang,Dung-Hung Lin,Ni-Bin Chang,Kuen-Song Lin. Recycling of construction and demolition waste via a mechanical sorting process[J]. Resources,Conservation and Recycling,2002(37):23-37.

[17]Akash Raoa,Kumar N. Jha,Sudhir Misra. Use of aggregates from recycled construction and demolition waste in concrete[J]. Resources,Conservation and Recycling,2007(50):71-81.

[18]Poom C S, Kou S C,Lam L. Use of recycled aggregate in molded concrete bricks and blocks[J]. Construction and Building Materials,2002:281-289.

[19]Lin Yonghuang,Tyan Yawyuan, Chang Tapeng,et al. An assessment of optimal mixture for concrete made with recycled concrete aggregates[J]. Cement and Concrete Research, 2004:1373-1380.

[20]李雷,周晓燕,李华,等. 建筑废弃物资源化研究[J]. 中国建材科技,2012(5):65-68.

[21]O. Ortiz,J. C. Pasqualino,F. Castells. Environmental performance of construction waste: Comparing three scenarios from a case study in Catalonia,Spain [J]. Waste Management, 2010:646-654.

[22]李俊,牟桂芝,大野木升司. 日本建筑废弃物再资源化相关法规介绍[J]. 国外环保,2013(8):65-69.

[23]Environmental Council of Concrete Organizations,Recycled concrete and masonry[J]. Environmental Council of Concrete Organizations,Japan,2006:1-12.

[24]H. Kawano. The state of using by-products in concrete in Japan and outline of JIS/TR on recycled concrete using recycled aggregate. Proceedings of the first FIB congress. Osaka,Japan:2003:1-10.

[25]牟桂芝,大野木升司. 日本建筑废弃物再资源化技术[J]. 国外动态,2013(6):65-69.

[26]王爱勤,张承志,王钰. 以美国 ROP 公司模式为例分析国内外建筑废弃物的处理技术及利用前景[J]. 科技信息,2008:430-433.

[27]左浩坤,付双立. 北京市建筑废弃物产生量预测及处置设施建设分布

研究[J]. 环境卫生工程,2011(19):63-64.

[28]温学钧,郑晓光,孔忠良. 上海世博会园区生态道路建设与工程示范[J]. 筑路机械与施工机械化,2011(8):30-35.

[29]黄志斌. 深圳市建筑废弃物循环利用现状、问题和对策[J]. 资源节约与环保,2013(9):130-131.

[30]李景茹. 深圳市建筑废弃物管理现状调查[J]. 环境卫生工程,2010(2):6-8+11.

[31]黄国祥,黄海滨,吴凯仪,刘有德. 绿发科技对再生建筑废弃物的研究及其应用[R]. 第三届中国国际新型墙体材料发展论坛暨第二届中国建材工业利废国际大会论文集,2009:142-146.

[32]秦军舰. 河南许昌加大建筑废弃物无害化处理[N]. 中国建材报,2013.12.09(005).

[33]杨锐,阮广雄,宁培淋,等. 采用模糊综合法评判广州大学城区域环境岩土工程特性研究[J]. 四川建筑科学研究,2010,36(4):119-123.

[34]郭艳华. 现状与对策:广东省发展循环经济势在必行[J]. 科技与经济,2008,21(121):38-41.

[35]周文娟,陈家珑,路宏波. 我国建筑废弃物资源化现状及对策[J]. 建筑技术,2009(8):741-744.

[36]赵海英,薛俭. 我国在建筑废弃物资源化中存在的问题及对策研究[J]. 施工技术,2010,39(增刊):472-473.

[37]魏秀萍,赖芨宇,张仁胜. 建筑废弃物的管理与资源化[J]. 武汉工程大学学报,2013(3):25-28.

[38]姚志雄. 建筑渣土工程特性及路用性能研究[J]. 路基工程,2009,147(6):109-110.

[39]冯硕. 建筑渣土在市政道路路基工程中的应用研究[J]. 建筑科学,2008(3):85-86.

[40]夏伟龙,田军,张博. 建筑废弃物在高速公路路基中的应用研究[J]. 道路工程,2012,89 (5):70-72.

[41]屈晓晖. 建筑砖渣土在饱和软弱地基市政道路工程中的应用研究[D]. 天津:天津大学. 2011.

[42]孙翰耕,王琨. 公路工程施工技术[M]. 济南:山东大学出版社,2010.

[43]马志鹏. 浅析城市建筑废弃物的处理及城市环境的提升[J]. 城市建筑,2013(4):237.

[44]邹恩,林兰,黄浩扬,等.广州市建筑废弃物资源化的必要性分析[J].再生利用,2014(7):32-35.

[45]袁翔,张雄,孙剑艳.利用城市建筑废弃物再生骨料制备道路用快硬高早强再生混凝土的研究[J].粉煤灰综合利用,2013(3):36-40+43.

[46]陈永生.建筑废弃物再生利用分析[J].再生资源与循环经济,2013(5):43-44.

[47]孙光耀,景镇子,赵卫国,等.建筑废弃物黏土砖的水热固化再利用[J].非金属矿,2012(4):4-7,42.

[48]王和祥,韩庆,宋士宝.建筑废弃物堆山造景技术初探:天津南翠屏公园建设[J].中国勘察设计,2009(12):82-84.

[49]孙丽蕊,岳昌盛,孟立滨,马刚平,才艳芳.建筑废弃物再生无机混合料在道路工程中的应用[J].中国资源综合利用,2013(2):32-34.

[50]宋辉、孙彦坡.建筑废弃物工程特性及其道路路基使用性能探讨[J].建筑工程,2012(26):78.

[51]李滢,代大虎.建筑废弃物再生骨料基本特性研究[J].青海大学学报(自然科学版),2011,29(3):6-9.

[52]中华人民共和国行业标准. 公路工程集料试验规程(JTGE 42-2005)[S]. 中华人民共和国交通部发布.2005

[53]中华人民共和国行业标准. 公路土工试验规程(JTG E40-2007)[S].中华人民共和国交通部发布.2007

[54]韦璐,扈惠敏.路基路面工程[M].武汉:武汉大学出版社,2014.

[55]中华人民共和国行业标准. 公路路面基层施工技术规范(JTJ034-2000)[S]. 中华人民共和国交通部发布.2000

[56]中华人民共和国行业标准. 公路工程无机结合料稳定材料试验规程(JTG E51-2009)[Z]. 中华人民共和国交通部发布.2009

[57]吕兰明.沥青路面半刚性基层材料路用性能研究[D].天津:河北工业大学.2006

[58]刘建.西安市建筑废弃物替换二灰碎石基层中部分石料的研究[D].西安:长安大学.2006

[59]高万海,由平均.石灰粉煤灰粒料基层的强度形成机理和裂缝防治[J].城市道桥与防洪,2007(10):10-14.

[60]陈拴发,周维科.掺矿粉水泥的水化机理研究[J].西安建筑科技大学学报,2000(32):166-169.

［61］杨锡武，凌天清，梁富权. 水泥（石灰）粉煤灰混合料路面基层研究［J］. 重庆交通学院学报，1997（16）：48－52.

［62］张海龙. 稳定页岩土路面基层材料的研究［D］. 重庆：重庆交通学院. 2003

［63］涂帅. 黔北电厂粉煤灰半刚性路面基层性能研究［D］. 重庆：重庆交通大学. 2009

［64］刘忠玉，薛勇刚，王喜军. 小剂量石灰稳定土的水稳定性试验研究［J］. 郑州大学学报（工学版），2012（33）：15－18.

［65］梁波，丁立. 粉煤灰作为填料的水稳定性试验研究［J］. 岩土工程学报，2002（24）：112－114.

［66］孔珍珍，张亚曼，张爱勤. 花岗岩矿粉填料对沥青混凝土水稳性的影响［J］. 中外公路，2014（34）：287－290.

［67］颜美. 煤矸石填筑路基的应用研究［D］. 重庆：重庆交通大学. 2011.

［68］陈盛琰. 水泥稳定碎石基层干缩特性及影响因素分析［J］. 道路工程，2013（3）：13－16.

［69］肖佳，吴婷，勾成福，等. 水泥－石灰石粉－矿粉复合胶凝材料干缩性能研究［J］. 混凝土与水泥制品，2013（12）：1－5.

［70］郃连河，张家平. 新型道路建筑材料［M］. 北京：化学工业出版社，2003.

［71］王俊辉. 山区高填路基沉降监测与稳定性数值仿真分析研究［D］. 长沙：中南大学. 2007.

［72］丁锟. 潼宝高速公路改扩建新旧路基差异沉降数值模拟分析［D］. 西安：长安大学. 2009.

［72］Weisheng Lu，Hongping Yuan. A framework for understanding waste management studies in construction［J］. Waste Management，2018（31）：1252－1260.

［73］叶峻，杜永吉. 从可持续发展战略到科学发展观［J］. 社会科学研究，2005（02）：45－50.

［74］和世明. 再生碎石性能研究［J］. 山西交通科技，2011，（4）：13－14.

［75］王盛源，关锦荷，王保田. 大粒径碎石桩现场大型综合试验［J］. 岩土工程学报，1997，19（6）：43－48.

［76］中华人民共和国住房和城乡建设部. JGJ 79－2012 建筑地基处理技术规范［S］. 北京：中国建筑工业出版社，2012.

［77］中华人民共和国交通部. JTG E40－2007 公路土工试验规程［S］. 北

京:人民交通出版社,2007.

[78]刘萌成,高玉峰,刘汉龙,陈远洪. 堆石料变形与强度特性的大型三轴试验研究[J]. 岩石力学与工程学报,2003,22(7):1104 - 1111.

[79]Duncan J M,Byrne P,Wong K. Strength - strain and bulk modulus parameters for finite element analyses of stresses and movements in soil masses[R]. Report No. UCB/GT/80 - 01,University of California,Berkeley,California,1980.

[80]Duncan J M,Chang C Y. Nonlinear analysis of stress and strain in soils [J]. ASCE,JSMFD,1970,96(5):1629 - 1652.

[81]刘祖德. 土石坝变形计算的若干问题[J]. 岩土工程学报,1983,5(1):51 - 59.

[82]陈金锋,徐明,宋二祥,曹光栩. 不同应力路径下石灰岩碎石力学特性的大型三轴试验研究[J]. 工程力学,2012,29(8):195 - 201.